Thomas Vollbrecht

HIV-1 und virus-spezifische CD8 T-Zellen

Thomas Vollbrecht

HIV-1 und virus-spezifische CD8 T-Zellen

Einfluss von Viruslast und viralen Mutationen auf HIV-1 spezifische CD8 T-Zellen

Südwestdeutscher Verlag für Hochschulschriften

Impressum/Imprint (nur für Deutschland/only for Germany)
Bibliografische Information der Deutschen Nationalbibliothek: Die Deutsche Nationalbibliothek verzeichnet diese Publikation in der Deutschen Nationalbibliografie; detaillierte bibliografische Daten sind im Internet über http://dnb.d-nb.de abrufbar.
Alle in diesem Buch genannten Marken und Produktnamen unterliegen warenzeichen-, marken- oder patentrechtlichem Schutz bzw. sind Warenzeichen oder eingetragene Warenzeichen der jeweiligen Inhaber. Die Wiedergabe von Marken, Produktnamen, Gebrauchsnamen, Handelsnamen, Warenbezeichnungen u.s.w. in diesem Werk berechtigt auch ohne besondere Kennzeichnung nicht zu der Annahme, dass solche Namen im Sinne der Warenzeichen- und Markenschutzgesetzgebung als frei zu betrachten wären und daher von jedermann benutzt werden dürften.

Coverbild: www.ingimage.com

Verlag: Südwestdeutscher Verlag für Hochschulschriften GmbH & Co. KG
Heinrich-Böcking-Str. 6-8, 66121 Saarbrücken, Deutschland
Telefon +49 681 37 20 271-1, Telefax +49 681 37 20 271-0
Email: info@svh-verlag.de

Zugl.: München, LMU, Diss., 2011

Herstellung in Deutschland (siehe letzte Seite)
ISBN: 978-3-8381-1642-6

Imprint (only for USA, GB)
Bibliographic information published by the Deutsche Nationalbibliothek: The Deutsche Nationalbibliothek lists this publication in the Deutsche Nationalbibliografie; detailed bibliographic data are available in the Internet at http://dnb.d-nb.de.
Any brand names and product names mentioned in this book are subject to trademark, brand or patent protection and are trademarks or registered trademarks of their respective holders. The use of brand names, product names, common names, trade names, product descriptions etc. even without a particular marking in this works is in no way to be construed to mean that such names may be regarded as unrestricted in respect of trademark and brand protection legislation and could thus be used by anyone.

Cover image: www.ingimage.com

Publisher: Südwestdeutscher Verlag für Hochschulschriften GmbH & Co. KG
Heinrich-Böcking-Str. 6-8, 66121 Saarbrücken, Germany
Phone +49 681 37 20 271-1, Fax +49 681 37 20 271-0
Email: info@svh-verlag.de

Printed in the U.S.A.
Printed in the U.K. by (see last page)
ISBN: 978-3-8381-1642-6

Copyright © 2012 by the author and Südwestdeutscher Verlag für Hochschulschriften GmbH & Co. KG and licensors
All rights reserved. Saarbrücken 2012

Die Zeit wird kommen, wo unsere Nachkommen sich wundern, dass wir so offenbare Dinge nicht gewusst haben.

Lucius Annaeus Seneca

Inhaltsverzeichnis

1 **Zusammenfassung** 1

2 **Einleitung** 3
   2.1 Das humane Immundefizienz-Virus (HIV) 3
      2.1.1 Struktur und Aufbau von HIV-1 4
      2.1.2 Der Replikationszyklus von HIV-1 6
   2.2 Epidemiologie 7
   2.3 Der natürliche Verlauf der HIV-Infektion 7
   2.4 HIV und die zellvermittelte Immunantwort 9
   2.5 Immunaktivierung 10
   2.6 Immunerschöpfung 12
   2.7 HIV Therapie und Resistenzmechanismen 13
   2.8 Vakzineforschung 16

3 **Zielsetzung der Arbeit** 18
   3.1 Auswirkungen veränderter Antigenspiegel auf die CD38 / PD-1 Ko-Expression auf HIV-spezifischen CD8+ T-Zellen 18
   3.2 Die Kontrolle von M184V HIV-1 Mutanten durch CD8+ T-Zellantworten 19

4 **Material und Methoden** 20
   4.1 Material 20
      4.1.1 Geräte 20
      4.1.2 Plastikwaren und Verbrauchsmaterial 21
      4.1.3 Chemikalien, Reagenzien und Kits 22
      4.1.4 Verwendete Antikörper 23
      4.1.5 Peptide 23
      4.1.6 Primer 27
      4.1.7 Medien 30
      4.1.8 Verwendete Zelllinien 31
      4.1.9 Verwendete Viren 32
      4.1.10 Verwendete Software 32
   4.2 Methoden 33
      4.2.1 Patienten 33

4.2.2	Gewinnung von peripheren mononukleären Blutzellen aus Vollblut	33
4.2.3	Automatisierte Bestimmung der Zelldichte	34
4.2.4	Bestimmung der Lebendzellzahl und Vitalität mit Trypanblau	35
4.2.5	Kryokonservierung von Zellen	35
4.2.6	Auftauen von Zellen	36
4.2.7	Herstellung von Futterzellen	36
4.2.8	Peptide	36
4.2.9	Interferon-γ Elispot	37
4.2.10	Zellkultur	40
4.2.11	Herstellung von CD8+ T-Zelllinien durch Stimulation mit Hilfe des anti-CD3-Antikörper 12F6	40
4.2.12	Herstellung von CD8+ T-Zelllinien durch Stimulation mittels Peptid beladener antigenpräsentierender Zellen	40
4.2.13	Herstellung von primären CD4+ T-Zell Anreicherungskultur durch Stimulation mittels anti-CD3/anti-CD8 Antikörpern	41
4.2.14	Herstellung von immortalisierten B-Zelllinien	42
4.2.15	Gewinnung von klonalen primären CD8+ HIV-spezifischen T-Zelllinien mittels Klonierung in Grenzverdünnung	42
4.2.16	Peptidstimulation von HIV-spezifischen CD8+ T-Zellen	43
4.2.17	Fluoreszenz-Färbung (Durchflußzytometrie)	43
4.2.18	Identifizierung spezifischer CD8+ T-Zellen	44
4.2.19	Identifizierung von viralen Fluchtmutationen	45
4.2.20	DNA Extraktion und HLA-Typisierung	45
4.2.21	Bestimmung der HLA-Restriktion	45
4.2.22	In vitro Infektion von CD4+ T-Zellen mit HIV-1	46
4.2.23	Viruskultur	47
4.2.24	Bestimmung des Titers einer Viruskultur	47
4.2.25	Viraler Hemmtest	48
4.2.26	p24-ELISA	48
4.2.27	Extraktion viraler RNA aus Blutplasma	49
4.2.28	Polymerase Kettenreaktion (PCR)	50
4.2.29	Agarose-Gel-Elektrophorese	51
4.2.30	Gel-Extraktion	51
4.2.31	Topo TA Cloning® Kit	51

5 Ergebnisse 52

5.1 Auswirkungen veränderter Antigenspiegel auf die CD38 / PD-1 Ko-Expression auf HIV-spezifischen CD8+ T-Zellen 52

5.1.1 Vergleich der CD38- und PD-1-Expression von HIV-1 spezifischen CD8+ T-Zellen nach Pentamerfärbung und Peptidstimulation 54

5.1.2 Gleichzeitige Expression von CD38 und PD-1 auf HIV-spezifischen CD8+ T-Zellen in Patienten mit unkontrollierter Virämie 56

5.1.3 Der CD38/PD-1 Phänotyp der CD8+ T-Zellantwort ist unabhängig vom Epitop 60

5.1.4 Starker Abfall der CD38- und PD-1-Ko-Expression nach Antigensuppression 62

5.1.5 Mit einem Anstieg der Viruslast geht ein signifikanter Anstieg der CD38/PD-1-Ko-Expression einher oder geht diesem sogar voraus 67

5.2 Die Kontrolle von M184V HIV-1 Mutanten durch CD8+ T-Zellantworten 69

5.2.1 Nachweis von CD8+ T-Zellantworten gegen Regionen der wichtigsten Medikamentenresistenzmutationen 69

5.2.2 Identifizierung neuer CD8+ T-Zellepitope 71

5.2.3 HI-Virus mit einer M184V-Mutation wird in vitro von YV9-4V spezifischen CD8+ T-Zellen erkannt 73

5.2.4 Klinische Hinweise für eine CD8+ T-Zellkontrolle von Virus mit M184V-Mutation 75

6 Diskussion 81

6.1 Auswirkungen veränderter Antigenspiegel auf die CD38 / PD-1 Ko-Expression auf HIV-spezifischen CD8+ T-Zellen 81

6.2 Die Kontrolle von M184V HIV-1 Mutanten durch CD8+ T-Zellantworten 85

7 Verzeichnis der Abkürzungen 90

8 Literaturverzeichnis 93

9 Publikationen 102

10 Danksagung 103

1 Zusammenfassung

Es hat sich gezeigt, dass virusspezifische CD8+ T-Zellenantworten eine entscheidende Rolle bei der Kontrolle der HIV-Infektion spielen. Aus bislang ungeklärten Gründen geht diese anfängliche Kontrolle durch HIV-spezifische CD8+ T-Zellen jedoch mit der Zeit verloren und es kommt zu einem Fortschreiten der HIV-Infektion, die letztlich eine medikamentöse Therapie notwendig macht.
Eine chronische Immunaktivierung ist kennzeichnend für eine fortschreitende HIV-Infektion. Daher wurde im ersten Teil der vorliegenden Arbeit zunächst die Expression von immunstimulierenden Signalen, anhand von CD38, und von inhibitorischen Signalen, anhand von PD-1, auf HIV-spezifischen CD8+ T-Zellen von Patienten mit einer unbehandelten, chronischen HIV-Infektion untersucht. Es zeigte sich, dass CD38 und PD-1 auf HIV-spezifischen CD8+ T-Zellen ko-exprimiert wurden und mit den klinisch wichtigen Parametern Viruslast und CD4+ T-Helferzellzahl korrelierten. Die Ko-Expression von CD38/PD-1 auf CD8+ T-Zellen von Progressoren mit fortschreitender HIV-Infektion war hoch signifikant höher als bei Controllern, deren CD8+ T-Zellen die HI-Virämie noch kontrollieren konnten ($p<0,0001$). Die Ko-Expression von CD38/PD-1 ist abhängig von der Persistenz des Antigens. Dies zeigte sich bei Patienten, die Fluchtmutationen entwickelt hatten oder deren Viruslast nach Beginn einer antiretroviralen Therapie sank. Sobald die HIV-spezifischen CD8+ T-Zellen ihr Antigen nicht mehr vorfinden konnten, sank auch deren CD38/PD-1-Ko-Expression signifikant. Der CD38/PD-1 Phänotyp ermöglicht folglich eine deutliche Unterscheidung von HIV-spezifischen CD8+ T-Zellantworten von Progressoren und Controllern.
Im Verlauf einer antiretroviralen Therapie kann es durch das Auftreten von Medikamentenresistenzmutationen zu einem Versagen des Therapieregimes kommen. Da in Entwicklungsländern nur ein begrenztes Repertoire an Medikamenten zur Verfügung steht, kann ein Therapieversagen unter Umständen dramatische Folgen für den betreffenden Patienten haben. Eine effektive CD8+ T-Zellantwort gegen Medikamentenresistenzmutationen könnte ein Entstehen solcher Mutationen klinisch nicht wirksam werden lassen.
Im zweiten Teil der vorliegenden Arbeit konnte gezeigt werden, dass spezifische CD8+ T-Zellen für Epitope existieren, die eine M184V-Resistenzmutation gegenüber den beiden Reverse-Transkriptase-Inhibitoren Lamivudin (3TC) und Emtricitabin

Zusammenfassung

(FTC) beinhalten. Ferner konnten zwei optimale, HLA-A*0201 restringierte CD8+ T-Zellepitope definiert werden, die die Region der M184V-Mutation enthalten. CD8+ T-Zellen, spezifisch für eines dieser zwei definierten Epitope, waren in der Lage die Replikation von HI-Viren, die eine M184V-Medikamentenresistenzmutation trugen, in vitro zu hemmen. Die Analyse zweier Patienten mit versagendem Therapieregime und einer M184V-Mutation, erbrachte zudem Hinweise darauf, dass eine Hemmung der Virusreplikation auch in vivo möglich sein könnte.

Eine therapeutische Vakzine, die CD8+ T-Zellantworten gegen diese Resistenzmutation induzieren kann, würde die Wirksamkeit von einfachen, nebenwirkungsärmeren und günstigeren Therapieregimen verlängern.

2 Einleitung

Zu Beginn der 1980er Jahre kam es in den USA bei zuvor gesunden jungen homosexuellen Männern gehäuft zu Meldungen seltener Krankheiten, wie z.b. Karposi-Sarkom und Pneumocystis-Pneumonien (PCP). Relativ schnell wurde ein bis dahin unbekanntes Virus verdächtigt, diese Indikatorerkrankungen für einen Immundefekt hervorzurufen. Bereits 1983 konnte ein neues Virus als Erreger des erworbenen Immunschwäche Syndroms - AIDS (engl. *aquired immuno deficiency syndrome*) - identifiziert werden, das humane Immundefizienz-Virus (HIV) Typ-1 [1, 2].

Im Jahr 2008 wurden die beiden Forscher Françoise Barré-Sinoussi und Luc Montagnier für die Entdeckung des HI-Virus mit dem Nobelpreis für Medizin ausgezeichnet. Der ebenfalls als Entdecker von HIV-1 geltende Forscher Robert Gallo wurde bei der Vergabe des Nobelpreises nicht berücksichtigt.

2.1 Das humane Immundefizienz-Virus (HIV)

HIV ist ein Lentivirus und gehört zur Familie der Retroviren. Lentiviren sind behüllte Einzelstrang-RNA-Viren, die langsam fortschreitende, chronisch degenerative Krankheiten auslösen. Sie sind speziesspezifisch und konnten bislang nur in einigen wenigen Säugetierarten nachgewiesen werden, die auch für die fünf Untergruppen der Lentiviren namensgebend waren. So gibt es bovine, equine, ovine/caprine, feline Lentiviren und die Lentiviren der Primaten, zu denen neben dem simeanen Immundefizienz-Virus (SIV) und den vier Typen des humanen T-lymphotropen Virus (HTLV), auch die humanen Immundefizienz-Viren HIV-1 und HIV-2 gehören.

Die Rekombination verschiedener SIV-Varianten (SIVcpz) in Schimpansen (*Pan troglodytes*) und die anschließende Zoonose im Menschen wird als der Ursprung von HIV-1 angesehen [3].

Der weltweit vorkommende Virusstamm HIV-1 wird, basierend auf Sequenzanalysen, in vier Gruppen unterteilt: M (engl. *major group* - Hauptgruppe), N (engl. *non M, non O* oder auch *new*), O (engl. *outlier* – Sonderfall) und seit 2009 die Gruppe P (engl. *Pending the identification of further human cases*), zu der bislang zwei Fälle aus

Westafrika gerechnet werden, deren Virus von Gorillas übertragen worden zu sein scheint [4]. Die Gruppe M ist in die weiteren Subtypen (engl. *clades*) A bis K (ohne I), sowie die zirkulierenden rekombinanten Formen (CRF - engl. *circulating recombinant form*) untergliedert. In Europa und Nordamerika ist der Subtyp B mit etwa 90% der am häufigsten vertretene, wohingegen die Subtypen A und C in Afrika und Asien den überwiegenden Anteil in der Bevölkerung und somit auch weltweit, stellen [5]. HIV-2 ist zu etwa 45% zu HIV-1 homolog und außerhalb von Westafrika kaum zu finden. HIV-2 stellt einen eigenen Serotypen dar, der auf Zoonosen von SIVsm (sm - sooty mangabeys) von Rußmangaben (*Cercocebus atys*) auf den Menschen zurückzuführen ist [6, 7]. HIV-2 ist weltweit für etwa 1% aller HIV-Infektionen verantwortlich, deutlich weniger pathogen und spielt daher eine eher untergeordnete Rolle in der Pandemie.

2.1.1 Struktur und Aufbau von HIV-1

Das Genom des HI-Virus ist komplexer als das anderer Retroviren. Neben den Strukturgenen *gag* (engl. group antigen), *pol* (engl. *polymerase*) und *env* (engl. *envelope*) verfügt HIV-1 über sechs weitere regulatorische und akzessorische Gene (*vif, vpr, vpu, tat, rev und nef*), deren Produkte an der Regulation, Synthese und Prozessierung der viralen RNA beteiligt sind und teilweise auch den Abwehrmechanismen der Wirtszellen entgegenwirken (vgl. Abb. 1).

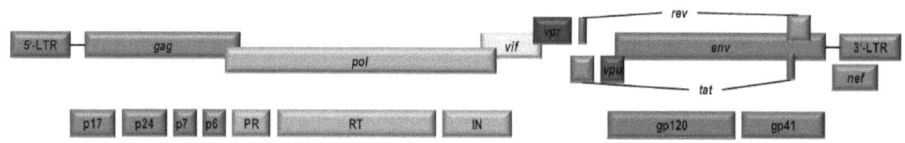

Abbildung 1: Schema des HIV-1 Genoms. Strukturproteine, wie das p17-Matrixprotein und das p24-Kernantigen werden von *gag* kodiert. Die Enzyme Protease (PR), Reverse-Transkriptase (RT) und Integrase (IN) werden von *pol* kodiert. Die Bestandteile des gp160 Oberflächenproteins, das Transmembrane gp41 und das auf der Oberfläche sitzende gp120 werden von *env* kodiert. Die übrigen Bereiche *vif, vpr, vpu, tat, rev* und *nef* kodieren akzessorische oder regulatorische Proteine.

Ein HI-Vireon setzt sich zusammen aus zwei Kopien einer einzelsträngigen, etwa 9,7 kb großen viralen RNA, die gemeinsam mit den von *pol* kodierten virusspezifischen Enzymen Protease (PR), Reverse-Transkriptase (RT) und Integrase (IN) von dem von *gag* kodierten p24-Nukleokapsid umhüllt sind (vgl. Abb. 2). p17-Matrixproteine umschließen das Nukleokapsid und sind an der Innenseite einer Lipoproteinhülle angeheftet.

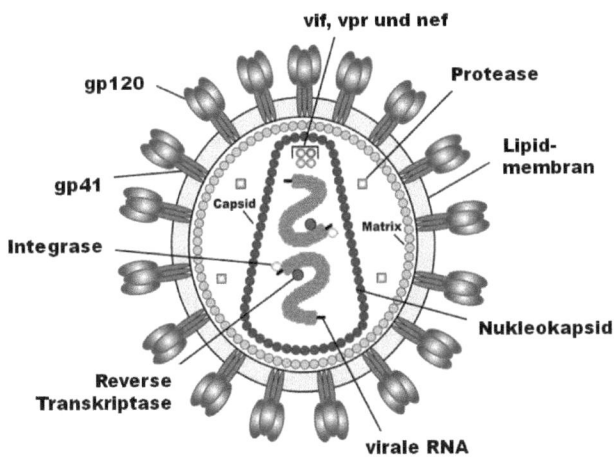

Abbildung 2: Aufbau eines HI-Vireons (nach Henderson, 2005). Zwei Kopien der einzelsträngigen viralen RNA liegen, gemeinsam mit den Enzymen Reverse-Transkriptase und Integrase, im Inneren des p24-Nukleokapsids. Umhüllt wird das Kapsid von Matrixproteinen und nach außen von einer Lipidmembran, in die eingebettet das Transmembranprotein gp41 des trimeren gp160-Glykoproteins liegt.

Auf der Oberfläche der Lipiddoppelmembran befinden sich neben dem von *env* kodierten membranständigen gp120 und dem transmembranen gp41 Heterodimerkomplexen auch unterschiedliche Proteine der Wirtszelle, wie z.B. HLA (humanes Leukozyten-Antigen) Klasse-I und Klasse-II-Moleküle, die beim Abscheiden des Vireons (engl. *budding*) von der virusproduzierenden Zelle in die Virusmembran inkorporiert werden [9].

2.1.2 Der Replikationszyklus von HIV-1

Bereits 1984 wurde das Oberflächenantigen CD4 als Zielrezeptor für die Infektion einer Wirtszelle durch HIV beschrieben [10]. Der wichtigste Träger des CD4-Rezeptors sind die CD4+ T-Zellen (T-Helferzellen), die das Hauptziel des HI-Virus sind. Neben den T-Lymphozyten tragen auch Monozyten, Makrophagen und dendritische Zellen CD4-Rezeptoren auf ihrer Oberfläche und stellen somit ein weiteres Angriffsziel für HIV dar. Als Ko-Rezeptoren für die Verschmelzung des HI-Virus mit der Wirtszelle konnten die beiden Chemokinrezeptoren CCR5 und CXCR4 identifiziert werden [11, 12].

Um mit der Zellmembran der Zielzelle verschmelzen zu können, bedarf es einer Bindung des membranständigen gp120 des Vireons mit dem CD4-Molekül und einem der beiden Chemokinrezeptoren CCR5 oder CXCR4 der Wirtszelle. Die Bindung induziert konformationelle Änderungen des gp120, wodurch eine Interaktion von gp120 mit dem jeweiligen Ko-Rezeptor ermöglicht wird. Diese ist wiederum Voraussetzung für die folgende Fusion der Membranen. Gp41, der transmembrane Anteil des Virushüllproteins gp160, spielt bei der Fusion der Virusmembran mit der Membran der Wirtszelle eine zentrale Rolle. Durch eine Konformationsänderung kommt es zu einer Insertion des terminalen Endes von gp41 in die Membran der Zielzelle und schließlich zur Verschmelzung der beiden Membranen [13]. Nachdem das virale Nukleokapsid in die Zielzelle eingeschleust und im Zytoplasma aufgelöst wurde, wird das virale Genom durch die viruseigene RT in provirale doppelsträngige DNA transkribiert und kann mit Hilfe der viruseigenen Integrase in transkriptionsaktive Regionen des Wirtsgenoms integriert werden [14]. Bei einer Aktivierung der Wirtszelle wird die retrovirale DNA in Zusammenarbeit von viralen und zellulären Faktoren transkribiert und translatiert. Schließlich werden die von *env* kodierten Proteine gp120 und gp41 in die Zellmembran integriert. Diese lagern sich mit den übrigen, aus dem Gag-Pol-Polyprotein hervorgehenden, viralen Proteinen zusammen und knospen als neue Vireonen von der Wirtszelle ab [15].

2.2 Epidemiologie

Die erste dokumentierte Infektion mit HIV-1 geht auf einen Patienten aus dem Jahr 1959 in Kinshasa, Demokratische Republik Kongo zurück [16]. Der genaue Zeitpunkt der ersten Zoonose ist aufgrund der geringen Probenzahl jedoch nicht eindeutig zu klären, könnte aber etwa um das Jahr 1931 in Zentralafrika erfolgt sein [17].
HIV/AIDS stellt heute eines der größten globalen Gesundheitsprobleme dar. Laut Weltgesundheitsorganisation lebten im Jahr 2009 weltweit etwa 33,3 Millionen Menschen mit dem HI-Virus, wobei sich 2,6 Millionen Menschen neu infizierten und etwa 1,8 Millionen an den Folgen ihrer HIV-Infektion starben. Seit Auftreten der ersten dokumentierten AIDS Fälle im Jahr 1981, sind über 25 Millionen Menschen an den Folgen von AIDS gestorben. Die am stärksten betroffene Region sind die afrikanischen Länder südlich der Sahara, in denen im Jahr 2009 allein 22,5 Millionen HIV-infizierte Menschen lebten. In dieser Region finden sich auch die Länder mit den höchsten Prävalenzraten wie Swaziland (25,9%), Botswana (25%), Lesoto (23,4%) und Südafrika (16,9%). HIV wird in Afrika vornehmlich über heterosexuellen Geschlechtsverkehr verbreitet. So findet sich hier ein Anteil von etwa 60% Frauen. Während sich die Zahlen in dieser Region zu stabilisieren scheinen, nimmt die Zahl der HIV-infizierten in Osteuropa und Zentralasien vor allem unter intravenösen Drogenkonsumenten stark zu [5].
In den Ländern West- und Mitteleuropas und Nordamerikas liegt die Prävalenz bei 0,3% bzw. 0,6% aller 15-49 jährigen Erwachsenen. Im Jahr 2009 lag nach Angaben des Robert Koch-Instituts (RKI) die Zahl der HIV-infizierten in Deutschland bei etwa 67.000, darunter 55.000 Männer, von denen etwa 41.400 zur Gruppe MSM (Männer, die Sex mit Männern haben) gehörten. Im Jahr 2009 gab es in Deutschland etwa 550 Todesfälle und ungefähr 3.000 Neuinfektionen, davon 72% über homosexuellen Geschlechtsverkehr [18].

2.3 Der natürliche Verlauf der HIV-Infektion

Kurze Zeit nach einer Infektion treten grippeähnliche Symptome auf, wie z.B. Fieber, Abgeschlagenheit, Nachtschweiß und Lymphadenopathie, was es mitunter schwer machen kann, ohne konkreten Verdacht eine korrekte Diagnose zu stellen [19]. Das akute retrovirale Syndrom dauert selten länger als vier Wochen. In dieser akuten Phase der Infektion kann die hohe Virusreplikationsrate in der Spitze zu einer Viruslast von mehreren Millionen Viruspartikeln pro ml Blut führen, gleichzeitig kann es zu einem Verlust von CD4+ T-Helferzellen kommen [20]. In den folgenden Wochen fällt die Viruslast wieder um einige log Stufen ab und erreicht schließlich den individuellen, sog. „viralen Setpoint". Dieser bezeichnet die Höhe der Viruslast am Ende der akuten Phase der Infektion und ist ein starker Prädiktor für den weiteren Krankheitsverlauf [21]. Es wird angenommen, dass in dieser Phase zytotoxische CD8+ T-Zellen (CTL) für den Rückgang der Viruslast verantwortlich sind, indem sie infizierte Zellen lysieren oder in Apoptose treiben [22-24].

In den nächsten Monaten bis hin zu vielen Jahren folgt eine chronische, asymptomatische Phase, während der die fortlaufende Virusreplikation auf dem Niveau des individuellen „viralen Setpoints" verbleibt (vgl. Abb. 3). Patienten, die in dieser Phase die Viruslast unterhalb eines Wertes von 5.000 Kopien/ml und eine CD4+ T-Zellzahl von mehr als 400 Zellen/µl peripheren Blutes aufweisen, werden Controller genannt.

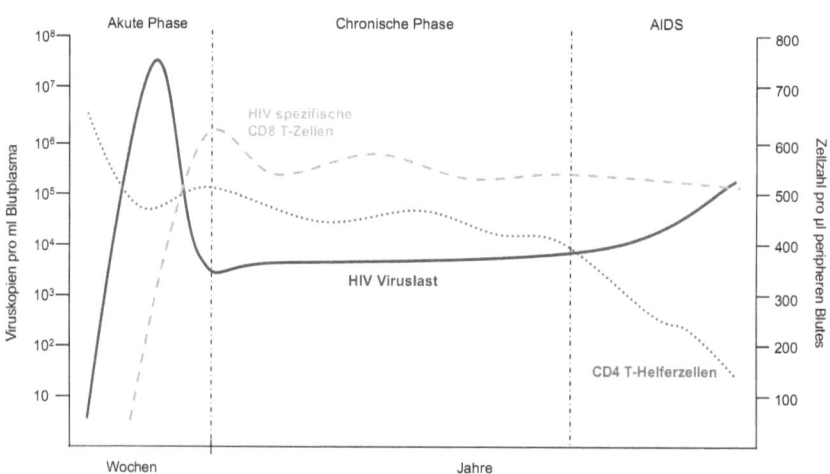

Abbildung 3: Der natürliche Verlauf der HIV-1 Infektion (nach Simon, 2006). Die Viruslast (durchgezogene Linie – linke y-Achse) ist während der ersten Wochen in der akuten Phase der HIV-Infektion am höchsten. Die CD4+ T-Helferzellzahl (gepunktete Linie – rechte y-Achse) nimmt über den Verlauf der Infektion stetig ab. Einige Wochen nach dem Infektionsereignis kommt es zu einer starken Proliferation von HIV-spezifischen CD8+ T-Zellen (gestrichelte Linie – rechte y-Achse).

Die Zahl der CD4+ T-Helferzellen, die eine wichtige Funktion für die humorale und zelluläre Immunität ausüben, nimmt stetig ab [26]. Patienten, die sich in diesem Stadium der Infektion befinden, werden auch Progressoren genannt. Schließlich wird der Organismus für opportunistische Infektionen empfänglich und es können erste AIDS definierende Krankheitsbilder, wie z.B. Karposi-Sarkom, PCP (Pneumocystis pneumonie - Lungenentzündung), Tuberkulose oder auch Wasting-Syndrom auftreten, die letztlich zum Tod der infizierten Person führen.

2.4 HIV und die zellvermittelte Immunantwort

Die zellvermittelte Immunantwort, hierzu gehören neben CD8+ und CD4+ T-Zellen u.a. auch natürliche Killerzellen (NK) und dendritische Zellen, spielt bei der Kontrolle der akuten HIV-1 Infektion eine entscheidende Rolle. Bei HIV-infizierten Patienten konnte bereits früh das Entstehen einer HIV-spezifischen CD8+ T-Zellantwort mit dem Rückgang der Viruslast in Verbindung gebracht werden [22, 24, 27, 28]. Die Wichtigkeit dieser CD8+ T-Zellen wurde auch im Tiermodell anhand von SIV-infizierten Rhesusaffen (*Macaca mulatta*) in der akuten Phase der Infektion gezeigt. So kam es bei Tieren, deren CD8+ T-Zellen permanent depletiert wurden, zu keiner Reduktion der Viruslast, bei einer temporären Depletion hingegen ging, mit erneutem Auftauchen dieses Zelltyps, eine Reduktion der Viruslast einher [29, 30]. Es gibt auch Belege dafür, dass CD8+ T-Zellantworten eine wichtige Funktion in der Kontrolle der Replikation von HIV innehaben. So konnte anhand von sog. viralen „Escape" (Flucht-) Mutationen in der akuten Infektion sowohl im Tiermodell, als auch im Menschen gezeigt werden, dass einige CD8+ T-Zellantworten einen starken Selektionsdruck auf gewisse Bereiche des HI-Virus ausüben, so dass sich das Virus durch Mutationen einer Erkennung zu entziehen versucht [31-33]. Dies kann sowohl durch Mutationen geschehen, die ein Erkennen des Peptid-MHC-Klasse-I Komplexes (engl. *major histocompatibility complex* - Hauptthistokompatibilitätskomplex) durch den T-Zellrezeptor (TCR - engl. *T cell receptor*) einer CD8+ T-Zelle verhindern, als auch durch Mutationen, die eine Bindung des Peptids an das MHC-Klasse-I oder gar dessen Prozessierung und Präsentation verhindern [22, 23]. Eine weitere Möglichkeit sind Mutationen im flankierenden Bereich eines Epitops, die die Prozessierung verändern oder verhindern, so dass ein zuvor erkanntes Epitop nicht mehr vom MHC-Klasse-I-Molekül präsentiert werden kann [34, 35].

Auch liegt eine genetische Prädisposition für eine effektive T-Zellantwort in den HLA-Klasse-I-Allelen von HIV-infizierten Patienten. Es konnte nachgewiesen werden, dass die Expression unterschiedlicher MHC-Klasse-I-Allele Einfluss auf den Infektionsverlauf nehmen. So konnten die Allele HLA-A*25, HLA-B*27 und HLA-B*57 mit einer Kontrolle der HIV-Infektion assoziiert werden, andere Allele hingegen, wie HLA-B*35 und HLA-Cw*07 konnten mit einem raschen Fortschreiten der Erkrankung korreliert werden [36-39].

Nur teilweise geklärt ist jedoch, aus welchen Gründen der anfänglich starke Immundruck der CD8+ T-Zellen im Verlauf der Erkrankung nachlässt. So kann weder die Stärke, noch die Breite oder Funktion der gesamten virusspezifischen CD8+ T-Zellantworten mit einer Kontrolle der Virusreplikation in Verbindung gebracht werden [22, 40-43]. Es konnte jedoch gezeigt werden, dass Patienten mit einer hohen Viruslast und schneller Krankheitsprogression durchaus über starke CD8+ T-Zellantworten verfügen können [44]. Einen Hinweis lieferte der Funktionsverlust, die sog. Erschöpfung von HIV-spezifischen CD8+ T-Zellen von Progressoren in der chronischen Phase der HIV-Infektion. So konnte gezeigt werden, dass Controller, Patienten mit niedriger Viruslast und hoher CD4+ T-Zellzahl, über viele polyfunktionelle HIV-spezifische CD8+ T-Zellen verfügen, die neben der Produktion von IFN-γ auch andere Effektorfunktionen, wie z.B. die Produktion von IL-2, TNF-α und die Expression von CD107a ausüben. Progressoren hingegen, Patienten mit hoher Viruslast und geringer CD4+ T-Helferzellzahl, zeigten viele monofunktionelle HIV-spezifische CD8+ T-Zellen [45].

2.5 Immunaktivierung

Eine HIV-Infektion verursacht eine starke Immunaktivierung, gemessen z.B. anhand der Expression der Oberflächenmoleküle CD38 und HLA-DR [46, 47]. Die gezielte Aktivierung von Immunzellen stellt zwar für eine effektive Bekämpfung von Pathogenen einen essentiellen Mechanismus dar, im Falle einer chronischen HIV-Infektion resultiert sie jedoch nicht in einer Kontrolle der Infektion durch das

Immunsystem [48, 49]. Die Expression von CD38 auf der Gesamtheit der CD8+ T-Zellen korreliert mit einem Fortschreiten der HIV-Infektion und könnte daher als prognostischer Marker verwendet werden [46, 50-53].

Hinweise auf die wichtige Rolle der Immunaktivierung werden aus Untersuchungen in SIV-infizierten Primaten deutlich. Ähnlich wie HIV-infizierte Menschen zeigen SIV-infizierte Rhesusaffen (*Macaca mulatta*), neben der Depletion von CD4+ T-Zellen und einem Fortschreiten zu AIDS auch eine starke Immunaktivierung. Im Gegensatz dazu findet sich bei Rußmangaben (*Cercocebus atys*) und westlichen Grünmeerkatzen (*Chlorocebus sabaeus*), den natürlichen Wirten von SIV, die kein Immunschwächesyndrom entwickeln, nur eine minimale Immunaktivierung, trotz einer viralen Replikation vergleichbar der bei Rhesusaffen [54].

Für die chronische Immunaktivierung bei der HIV-Infektion existieren sicherlich mehrere Gründe. Zum einen führt die chronische Präsenz des Antigens zu einer direkten Stimulation HIV-spezifischer CD8+ T-Zellen. Zum anderen werden aber auch Immunzellen anderer Spezifitäten stimuliert, z.B. verursacht durch die massive Depletion darmassoziierter CD4+ T-Zellen, dem Verlust der Barrierefunktion und dem daraus resultierendem Übertritt von Darmbakterien in den Körper, was zu erhöhten Lipopolysaccharidspiegeln im Blut führen kann. So muss auch von indirekten Mechanismen der Immunaktivierung ausgegangen werden [55]. Die Immunaktivierung schafft für die Replikation des HI-Virus auch verbesserte Bedingungen. Zum einen stellen aktivierte CD4+ T-Zellen das Hauptangriffsziel von HIV dar, zum anderen ist HIV bei der Replikation u.a. auch auf Wirtsfaktoren, wie z.B. den Transkriptionsfaktor NFAT (engl. *nuclear factor of activated T cells*) angewiesen, der nur in aktivierten Zellen vorhanden ist [56-58].

Das im Zusammenhang mit Immunaktivierung wohl am besten charakterisierte Oberflächenmolekül ist das Glykoprotein CD38. CD38 findet sich auf der Oberfläche von vielen Immunzellen, wie z.B. CD4+ und CD8+ T-Zellen, B-Zellen und natürlichen Killer Zellen. Als möglicher Ligand für CD38 wird CD31 (PECAM-1, engl. *platelet endothelial cell adhesion molecule*) diskutiert [59]. Bei CD38 handelt es sich um ein multifunktionales Ektoenzym, das auch bei der Regulation des intrazellulären Calciumspiegels beteiligt ist. So katalysiert CD38 sowohl die Synthese von Nicotinamid und zyklischer Adenosindiphosphoribose (cADPR) aus Nicotinsäureamidadenindinukleotid (NAD), als auch die Hydrolyse von cADPR zu ADP-Ribose [60-62].

Unklar ist jedoch, welche Auswirkungen diese starke, generalisierte Immunaktivierung auf HIV-spezifische CD8+ T-Zellen hat. Ebenfalls unklar ist, wie die Immunaktivierung mit anderen Faktoren, wie z.B. der Immunerschöpfung zusammenhängt und inwieweit Veränderungen in der Viruslast den Grad der Immunaktivierung beeinflussen.

2.6 Immunerschöpfung

Im Laufe einer HIV-Infektion kommt es vermehrt zum Auftreten von erschöpften HIV-spezifischen CD8+ T-Zellen. Mit Immunerschöpfung wird der Verlust von Effektorfunktionen von CD8+ T-Zellen beschrieben. Es konnte gezeigt werden, dass diese HIV-spezifischen CD8+ T-Zellen vermehrt das Oberflächenmolekül „*programmed death-1*" (PD-1, CD279) exprimieren [63].
PD-1 ist ein Mitglied der CD28-Familie und wird von aktivierten CD4+ und CD8+ T-Zellen, NK Zellen, B-Zellen und Monozyten exprimiert [64]. Die Liganden von PD-1 sind PD-Ligand 1 (PD-L1) und PD-Ligand 2 (PD-L2). PD-L2 wird nur von dendritischen Zellen und Makrophagen induzierbar exprimiert, wohingegen PD-L1 konstitutiv von T-Zellen, B-Zellen, dendritischen Zellen, Makrophagen und vielen weiteren, nicht hämatopoetischen Zellen exprimiert wird [64]. Die Interaktion von PD-1 mit seinen Liganden führt zu einer Dysfunktion von CD8+ T-Zellen und letztlich zu Apoptose. Die Zunahme der PD-1 und PD-L1 Expression konnte mit einer zunehmenden Immunerschöpfung in Verbindung gebracht werden [63].
PD-1 vermittelt ein Signal, das die Induktion der Phosphatidylinositol-3-kinase (PI3K) inhibiert, die eine wichtige Rolle während des Glukosestoffwechsels und damit der Energieversorgung der Zellen spielt [65]. Dadurch werden sowohl die Proliferation als auch Zytokinproduktion und zytotoxische Funktion der T-Zellen inhibiert [66]. Eine Blockade dieser Wechselwirkung mit einem inhibitorischen Antikörper konnte die CD8+ T-Zell Funktionen wieder verbessern [67-70].
Wie es zu dem Phänomen der Immunerschöpfung kommt ist bisher nicht zweifelsfrei aufgeklärt. So könnte die Immunerschöpfung die Folge einer gesteigerten Immunaktivierung und einer damit verbundenen erhöhten Proliferationsrate sein. Aufgrund dieser erhöhten Proliferation könnte eine schnellere Alterung der

betroffenen Zellen zu einem zunehmenden Funktionsverlust führen. Der Zusammenhang von Immunerschöpfung und Immunaktivierung konnte bislang jedoch nicht aufgeklärt werden. Zudem ist unklar, ob der Grad der Immunerschöpfung und der Immunaktivierung ein Unterscheiden von HIV-spezifischen CD8+ T-Zellen einer kontrollierten Infektion und diesen Zellen bei einer fortschreitenden Infektion erlaubt.

2.7 HIV Therapie und Resistenzmechanismen

Die kombinierte antiretrovirale Therapie (ART) stellt momentan eine hervorragende Möglichkeit dar, das Fortschreiten einer HIV-Infektion zum Stadium AIDS zu verhindern. Aktuell stehen in Industrieländern 24 Substanzen aus fünf verschiedenen Wirkstoffklassen für eine HIV-Therapie zur Verfügung.

Nukleosidische Reverse-Transkriptase-Inhibitoren (NRTI)

Bei den nukleosidischen bzw. dem nukleotidischen Reverse-Transkriptase-Inhibitoren (NRTI) handelt es sich um sechs Nukleosidanaloga und ein Nukleotidanalogon, deren Ansatzpunkt die viruseigene Reverse-Transkriptase (RT) ist. Sie werden bei der Transkription der viralen RNA zu DNA als „falsche Bausteine" während der Replikation eingebaut und sorgen, aufgrund ihrer Modifikation an der 3'-Position der Desoxyribose, für einen Kettenabbruch.
Zu den NRTI gehören die Substanzen Abacavir (ABC), Didansoin (ddI), Emtricitabin (FTC), Lamivudin (3TC), Stavudin (d4T), Tenofovir (TDF) und Zidovudin (AZT).

Nicht-nukleosidische Reverse-Transkriptase-Inhibitoren (NNRTI)

Das Enzym RT ist auch Ansatzpunkt der vier nicht-nukleosidischen Reverse-Transkriptase-Inhibitoren (NNRTI). Im Gegensatz zu den NRTI ist das Ziel dieser Medikamentengruppe das aktive Zentrum der RT. Durch die Bindung der

Substanzen nahe der Substratbindestelle wird diese blockiert, was zu einer starken Hemmung der Virusreplikation führt.

Zu der Gruppe der NNRTI gehören die Substanzen Delavirin (DVD), Efavirenz (EFV), Etravirin (ETV) und Nevirapin (NVP).

Proteaseinhibitoren (PI)

Ansatzpunkt für die neun Proteaseinhibitoren (PI) ist das Enzym Protease, das das bei der Virusreplikation entstehende Gag-Pol-Polyprotein in seine funktionalen Untereinheiten spaltet. Wird die Protease gehemmt, unterbleibt diese Aufspaltung, was dazu führt, dass nicht infektiöse Viruspartikel entstehen.

Zu der Gruppe der PI gehören Atazanavir (ATV), Darunavir (DRV), Fosamprenavir (FPV), Indinavir (IDV), Lopinavir/Ritonavir (LPV/r), Nelfinavir (NFV), Ritonavir (RTV), Saquinavir (SQV) und Tipranavir (TPV).

Ritonavir (RTV) hemmt das Cytochrom P450 in der Leber, das die PI zu unwirksamen Metaboliten umwandelt. Diese Hemmung führt zu einer verbesserten Bioverfügbarkeit anderer PI, weswegen RTV als sog. „booster" in Kombination mit einem weiteren PI verwendet wird.

Entry-Inhibitoren

Fusionsinhibitoren:

Enfurtivide (T-20) ist der bislang einzige Vertreter der Fusionsinhibitoren. T-20 bindet an das HIV-Protein gp41 und blockiert auf diese Weise die Fusion des Virus mit der Zielzelle.

Ko-Rezeptorantagonisten:

Auch bei den Ko-Rezeptorantagonisten ist bisher nur eine Substanz zugelassen. Der CCR5-Inhibitor Maraviroc (MVC) bindet an den CCR5-Rezeptor und blockiert diesen für die Bindung mit dem HI-Virus. Allerdings ist die Funktion dieser Substanz von der Präsenz einer M-tropen HI-Viruspopulation, die CCR5 als Ko-Rezeptor verwendet abhängig.

Integraseinhibitoren

Der bislang einzig zugelassene Integraseinhibitor Raltegravir (RAL) zielt auf das aktive Zentrum des viruseigenen Enzyms Integrase, das als Endonuklease den Einbau der viralen DNA in das Genom der Wirtszelle katalysiert. Der Integraseinhibitor soll so den Transfer der viralen DNA in das Genom der Wirtszelle verhindern.

Der Prozess der reversen Transkription ist sehr fehleranfällig. In vitro wurde eine Fehlerrate von einem Ereignis je 1.700-6.700 Basenpaare (bp) ermittelt [71, 72]. Diese hohe Fehlerrate konnte in vivo jedoch nicht bestätigt werden. Es wurde von einer Fehlerrate von etwa einer Base je 340.000 bp je Zyklus berichtet [73]. Gründe für die geringere Fehlerrate in vivo könnten u.a. in der Funktion von viralen und nicht viralen akzessorischen Proteinen liegen. Die RT verfügt weder über eine Korrekturlese-Funktion noch über eine Exonuklease-Funktion und ist somit weder in der Lage einmal gemachte Fehler zu erkennen, noch diese zu korrigieren. Die hohe Mutationsrate der RT in Kombination mit einer Replikationsrate von bis zu 10^{10} Viruspartikeln pro Tag hat zur Folge, dass jede mögliche Punktmutation zwischen 10.000 und 100.000-mal pro Tag auftreten kann. Dies führt innerhalb kurzer Zeit zu einer Vielzahl unterschiedlicher Virusvarianten, sog. Quasispezies, innerhalb eines Individuums [74, 75]. Aufgrund dieser hohen Anfälligkeit für Resistenzmutationen des HI-Virus werden in einer aktuellen antiretroviralen Therapie mindestens drei Wirkstoffe aus zwei unterschiedlichen Substanzklassen kombiniert.

Eine antiretrovirale Therapie kann jedoch, z.B. aufgrund mangelhafter Compliance von Seiten der Patienten, durch das Auftreten von Resistenzmutationen an ihre Grenzen stoßen. Medikamentenresistenzmutationen stellen ein ernstes Problem dar, da sie die jeweiligen Medikamente unwirksam machen. Resistenzmutationen erzwingen häufig einen Wechsel zu anderen, meist teureren und komplizierteren Therapieregimen, die z.T. in Entwicklungsländern nicht zur Verfügung stehen. Ein Therapiewechsel ist zudem häufig mit weiteren Unannehmlichkeiten für den Patienten verbunden. Dazu gehört, neben der Einnahme von mehr Tabletten, vor allem eine Zunahme von Nebenwirkungen, die es dem Patienten zusätzlich erschweren können, die antiretroviralen Medikamente regelmäßig einzunehmen.

Die häufigste und am besten beschriebene Medikamentenresistenzmutation ist die NRTI Mutation M184V. Der Austausch einer einzigen Aminosäure, der von Methionin an Position 184 der RT zu Valin (ATG -> GTG), bewirkt eine >100 bis 1.000-fache Resistenz gegenüber dem Wirkstoff Lamivudin (3TC) [76, 77]. Die M184V-Mutation bewirkt ebenfalls eine vollständige Resistenz gegenüber dem Wirkstoff Emtricitabin (FTC). Bei der M184V-Mutation handelt es sich um eine sterische Punktmutation im aktiven Zentrum der RT, die es dem Enzym ermöglicht, die strukturellen Unterschiede zwischen Cytidin und den beiden Cytidinanaloga zu erkennen und so den Einbau der NRTI zu Gunsten des dCTP zu verhindern [78]. Die beiden Cytidinanaloga Lamivudin und Emtricitabin sind weltweit Bestandteil einer Standarderstttherapie und werden bei 99% der Ersttherapien in Entwicklungsländern verwendet [79]. Bei Studien in Malawi und Südafrika konnte bei 64-81% der Patienten, deren Ersttherapie mit einem Lamivudin oder Emtricitabin haltigem Regime versagte, eine M184V-Mutation festgestellt werden [80-82]. Die M184V-Mutation hat aber auch positive Folgen, die sich negativ auf das HI-Virus auswirken. So hat diese Mutation eine Verringerung der „viralen Fitness" zur Folge, d.h. eine RT mit der M184V-Mutation hat eine deutlich verminderte Aktivität und somit eine verlangsamte virale Replikationskapazität [83].

Ein weiteres Problem stellt die schlechte Versorgung von vielen Infizierten in Entwicklungsländern mit antiretroviralen Medikamenten dar, die zudem nur Zugriff auf ein stark begrenztes Repertoire von antiretroviralen Medikamenten haben. Die hochpreisigen, patentrechtlich geschützten und modernen Substanzen sind hier meist nicht verfügbar oder bezahlbar, so dass nur ein eingeschränktes Angebot preisgünstiger Generika zur Verfügung steht. Dies führt dazu, dass die meisten Infizierten letztlich auf neue Wege angewiesen sind die HIV-Infektion zu bekämpfen.

2.8 Vakzineforschung

Trotz über 20 Jahren intensiver Forschung ist es bislang nicht gelungen einen prophylaktischen Impfstoff gegen das HI-Virus zu entwickeln. Untersucht wurden bisher sowohl Impfstoffe, die neutralisierende Antikörper, als auch Impfstoffe, die T-Zell vermittelte Immunantworten induzieren sollten. So konnte z.B. die passive

Gabe von monoklonalen, neutralisierenden Antikörpern gegen ein Epitop des HIV-Hüllproteins gp120 eines SIV-HIV-Hybridvirus direkt vor der Infektion von Rhesusaffen diese Tiere vor einer Infektion mit diesem Hybridvirus schützen [84]. Es ist jedoch bislang nicht gelungen diese Erfolge aus dem Tiermodell auf den Menschen zu übertragen. Die Oberflächenstruktur des Hüllproteins Env erschwert die Erkennung durch neutralisierende Antikörper zum einen durch eine umfangreiche Glykosylierung, zum anderen durch die fehlende Zugänglichkeit von strukturellen Domänen wie des CD4-Rezeptors und des CCR5 Ko-Rezeptors aufgrund von Überlagerungen durch hochvariable Proteinregionen [85].

Wie bereits beschrieben, spielen HIV-spezifische CD8+ T-Zellen eine wichtige Rolle bei der Kontrolle der HIV-Infektion. Das Problem dieser CD8+ T-Zellen ist jedoch, dass sie nur bereits infizierte Zellen erkennen können. Eine Impfung, die HIV-spezifische CD8+ T-Zellen induziert, ist folglich nicht dazu in der Lage, eine Infektion zu verhindern. Sie könnte jedoch unterstützend zu einer antiretroviralen Therapie eingesetzt werden. Ein mögliches Ziel eines therapeutischen Impfstoffes wäre es, CD8+ T-Zellantworten zu induzieren, die in der Lage sind, das HI-Virus idealerweise dauerhaft unterhalb der Nachweisgrenze unter Kontrolle halten zu können [86]. Für einen effektiven T-Zell vermittelten Impfstoff werden zudem ausreichend unterschiedliche Epitope benötigt, um die Vielzahl verschiedener HLA-Typen abdecken und so für die breite Bevölkerung verwendet werden zu können. Die hohe Mutagenität des HI-Virus stellt die Vakzineforschung vor große Probleme, deren Lösung sicherlich noch einige Zeit in Anspruch nehmen wird.

3 Zielsetzung der Arbeit

3.1 Auswirkungen veränderter Antigenspiegel auf die CD38 / PD-1 Ko-Expression auf HIV-spezifischen CD8+ T-Zellen

Virusspezifische CD8+ T-Zellantworten spielen eine entscheidende Rolle bei der Kontrolle von HIV-1. Im Laufe der Erkrankung geht diese anfängliche Kontrolle durch HIV-spezifische CD8+ T-Zellen jedoch verloren und es kommt zu einem Fortschreiten der HIV-Infektion. Hierfür ist eine chronische Aktivierung von CD8+ T-Zellen kennzeichnend. Ebenso wurde eine Erschöpfung der CD8+ T-Zellen verbunden mit einer Hochregulation des inhibitorischen Rezeptors PD-1 beschrieben. Bisherige Arbeiten haben sich entweder mit Aktivierungsmarkern oder inhibitorischen Markern auf CD8+ T-Zellen beschäftigt.

In der vorliegenden Arbeit sollte daher die Frage untersucht werden, ob die bislang beschriebenen Beobachtungen der Immunaktivierung und Immunerschöpfung von unterschiedlichen CD8+ T-Zellpopulationen hervorgerufen werden. So wäre es denkbar, dass eine CD8+ T-Zellpopulation durch ihr Antigen aktiviert, weiterhin gegen das HI-Virus kämpft, während eine andere CD8+ T-Zellpopulation aufgrund ihrer Erschöpfung nicht mehr dazu in der Lage ist, einen Immundruck auf das HI-Virus auszuüben. Dies sollte anhand der Expression des Aktivierungsmarkers CD38 und des inhibitorischen Markers PD-1 auf HIV-spezifischen CD8+ T-Zellen untersucht werden. Des Weiteren sollte geklärt werden, ob sich die Expression dieser Oberflächenmoleküle auf HIV-spezifischen CD8+ T-Zellen von Controllern, deren Immunsystem in der Lage war die HIV-Infektion selbstständig zu kontrollieren, und Progressoren, deren Immunsystem die Kontrolle über die Virämie bereits verloren hatte, unterscheidet. Der Zusammenhang zwischen der Expression dieser zwei Rezeptoren und den klinischen Markern, Viruslast (VL) und CD4+ T-Helferzellzahl, sollte untersucht werden. Dies sollte in einzelnen Individuen mit gleich bleibender oder ansteigender Viruslast auch longitudinal erfolgen.

3.2 Die Kontrolle von M184V HIV-1 Mutanten durch CD8+ T-Zellantworten

Verlieren die CD8+ T-Zellen eines Patienten die Kontrolle über die Virämie wird es mit steigender Viruslast und sinkender CD4+ T-Helferzellzahl schließlich notwendig mit einer antiretroviralen Therapie zu beginnen. Mit Auftreten von Medikamentenresistenzmutationen geht die Wirksamkeit einer antiretroviralen Therapie jedoch verloren und es besteht die Notwendigkeit den Patienten auf ein neues Therapieregime umzustellen. Ein besonderes Problem stellt dies in Entwicklungsländern dar, da dort von vornherein bereits ein stark eingeschränktes Repertoire an antiretroviralen Medikamenten zur Verfügung steht.

Mit der Entwicklung eines therapeutischen Impfstoffes, der eine CD8+ T-Zellantwort gegen Medikamentenresistenzen induziert, könnte, in Kombination mit einer wirksamen antiretroviralen Therapie, von zwei Seiten ein immunologischer Druck auf das HI-Virus ausgeübt werden und so die Wirksamkeit eines einfachen, preiswerten und nebenwirkungsarmen Therapieregimes, vor allem in Entwicklungsländern zumindest verlängert werden.

In der vorliegenden Arbeit sollte untersucht werden, ob CD8+ T-Zellantworten gegen Bereiche, die Medikamentenresistenzmutatationen enthalten, existieren und, ob diese CD8+ T-Zellen in der Lage sind ein HI-Virus mit einer Medikamentenresistenz zu kontrollieren.

4 Material und Methoden

4.1 Material

4.1.1 Geräte

Gerät	Modell	Hersteller
Durchflußzytometer	FACSCalibur	BD, Heidelberg
Elektrophoresekammer	OWL	Angewandte Gentechnologie Systeme GmbH, Heidelberg
ELISA-Reader	Tecan Spectra	Tecan, Crailsheim
Elispot-Reader	ELR04	AID, Strassberg
Feinwaage	BP 61	Sartorius, Göttingen
Heizwasserbad	Modell 1083	GFL, Burgwedel
Inkubationsschrank	Heracell®	Heraeus, Hanau
Laborwaage	1419 MP 8-1	Satorius, Göttingen
Mikroskop	Dialux 20 EB	Leitz, Wetzlar
Mikroskop	Leica DM IL	Leica Microsystems GmbH, Wetzlar
Photometer	DU 530	Beckman Coulter, Krefeld
Sterilwerkbank	Model Labgard 437 Class II, Type A2	NuAire Biological Safety Cabinets, Plymouth, USA
Sterilwerkbank	Safe 2010 Model 1.2	Heto-Holten, Allerød, Dänemark
Thermocycler	PxE0.2	Thermo Finnigan GmbH, Bremen
Thermocycler	peqSTAR 96 Universal	Peqlab, Erlangen
Thermomixer	Thermomixer comfort	Eppendorf, Hamburg
UV-Tisch	TFP-35L	Vilber Lourmat, Eberhardzell
UV-Transilluminator	GelDoc 2000	BioRad, München

Vortexgerät	Vortex-Genie® 2	IKA® Werke GmbH & Co KG, Staufen
Zellzählsystem	CASY®1 Model TT	Schärfe System, Reutlingen
Zentrifuge	Centrifuge 5810R	Eppendorf AG, Hamburg
Zentrifuge	Sorvall Super T21	Thermo, Schwerte

4.1.2 Plastikwaren und Verbrauchsmaterial

Artikel	Hersteller
10 ml serologische Einmalpipette	TPP, Ibbenbüren
15 ml Zentrifugenröhrchen	TPP, Ibbenbüren
24-Loch Zellkulturplatte	PAA, Cölbe
25 cm^2-Zellkulturflasche, Filter	TPP, Ibbenbüren
50 ml Zentrifugenröhrchen	TPP, Ibbenbüren
5 ml serologische Einmalpipette	TPP, Ibbenbüren
75 cm^2-Zellkulturflasche, Filter	TPP, Ibbenbüren
96-Loch Zellkulturplatte (rundboden)	PAA, Cölbe
C-Chip, Neubauerzählkammer	Digital Bio, Seoul, Korea
Combitips plus, 10 ml	Eppendorf, Hamburg
FACS-Röhrchen	BD, Heidelberg
Freezing Container Mr. Frosty	Nalgene, Wiesbaden
Kova-Objektträger	Hycor Biomedical, Kassel
Multiscreen IP – 96 well Elispotplatte	Millipore, Schwalbach
Nunc Kryo-Röhrchen 1,8 ml, Außengewinde	Thermo Scientific, Langenselbold
Nunc Kryo-Röhrchen 1,8 ml, Innengewinde	Thermo Scientific, Langenselbold
PCR 8-Strip Tubes	Eppendorf, Hamburg
Safe-Lock Tubes 1,5 ml	Eppendorf, Hamburg

4.1.3 Chemikalien, Reagenzien und Kits

Substanz	Hersteller
Agarose, ultra pure	Gibco BRL, Eggenstein
Alliance HIV-1 p24-ELISA Kit	Perkin Elmer, Rodgau Jügesheim
AP Conjugate Substrate Kit	BioRad, München
Biocoll (Ficoll®)	Biochrom, Berlin
dNTP-Mix	Invitrogen, Karlsruhe
Dulbecco's PBS (1x)	PAA, Cölbe
FCS (fetal calf serum) Gold	PAA, Cölbe
Fixation Medium – (Medium A)	Invitrogen, Karlsruhe
G418 Sulfate	Calbiochem, Darmstadt
Hank's BSS (1x)	PAA, Cölbe
HEPES Buffer Solution (1M)	PAA, Cölbe
Hygromycin B Lösung	Roth, Karlsruhe
Interleukin-2 (IL-2)	ImmunoTools, Friesoythe
L-Glutamin 200mM (100x)	PAA, Cölbe
Penicillin / Streptamycin (100x)	PAA, Cölbe
Permeabilization Medium – (Medium B)	Invitrogen, Karlsruhe
Phusion DNA Polymerase	NEB, Frankfurt a.M.
Plasmid Mini Kit	Qiagen, Hilden
Puregene DNA Isolation Kit	Qiagen, Hilden
QiaEx II Gel Extraction Kit	Qiagen, Hilden
Quick-Load 100 bp DNA-Ladder	NEB, Frankfurt a.M.
RPMI1640, ohne L-Glutamin	PAA, Cölbe
Streptavidin-ALP	Mabtech, Hamburg
Superscript II - First Strand Synthesis System for RT-PCR	Invitrogen, Karlsruhe
Viral RNA Mini Kit	Invitrogen, Karlsruhe

4.1.4 Verwendete Antikörper

Antikörper	Eigenschaften / Best.nr.	Bezugsquelle
12F6	stimulierender Maus-anti-CD3 Antikörper	J. Wong, MGH, Boston, USA
CD279 (PD-1)-PE	557946	BD, Heidelberg
CD3/CD8	stimulierender Maus-anti-CD3/CD8 Antikörper	J. Wong, MGH, Boston, USA
CD38-FITC	555459	BD, Heidelberg
CD4-APC	345771	BD, Heidelberg
CD8-PE	345773	BD, Heidelberg
CD8-PerCP	345774	BD, Heidelberg
hIFN-γ, mAb1-D1K	3420-3-1000	Mabtech, Hamburg
hIFN-γ, mAb7-B6-1-Biotin	3420-6-1000	Mabtech, Hamburg
HLA-A*0201-SLYNTVATL-Pentamer-APC	F010-4A-E	Proimmune, Oxford, GB
IFNγ-APC	554702	BD, Heidelberg
IFNγ-FITC	340449	BD, Heidelberg
KC57-FITC	6604665	Beckman Coulter, Krefeld

4.1.5 Peptide

4.1.5.1 Überlappende 15-20mer Peptide:

Gag:

Peptid	Sequenz	Peptid	Sequenz
1	MGARASVLSGGELDK	2	GELDKWEKIRLRPGG
3	LRPGGKKKYKLKHIV	4	LKHIVWASRELERFA
5	LERFAVNPGLLETSE	6	LETSEGCRQILGQLQ
7	LGQLQPSLQTGSEEL	8	GSEELRSLYNTVATL
9	TVATLYCVHQRIDVK	10	RIDVKDTKEALEKIE
11	LEKIEEEQNKSKKKA	12	SKKKAQQAAAAAGTG

Material und Methoden

Peptid	Sequenz	Peptid	Sequenz
13	AAGTGNSSQVSQNY	14	PIVQNLQGQMVHQAIISPRTL
15	VHQAISPRTLNAWVKVVEEK	16	NAWVKVVEEKAFSPEVIPMF
17	AFSPEVIPMFSALSEGATPQ	18	SALSEGATPQDLNTMLNTVG
19	DLNTMLNTVGGHQAAMQMLK	20	GHQAAMQMLKETINEEAAEW
21	ETINEEAAEWDRVHPVHAGP	22	DRVHPVHAGPIAPGQMREPR
23	IAPGQMREPRGSDIAGTTST	24	GSDIAGTTSTLQEQIGWMTN
25	LQEQIGWMTNNPPIPVGEIY	26	NPPIPVGEIYKRWIILGLNK
27	KRWIILGLNKIVRMYSPTSI	28	IVRMYSPTSILDIRQGPKEP
29	LDIRQGPKEPFRDYVDRFYK	30	FRDYVDRFYKTLRAEQASQD
31	TLRAEQASQDVKNWMTETLL	32	VKNWMTETLLVQNANPDCKT
33	VQNANPDCKTILKALGPAAT	34	ILKALGPAATLEEMMTACQG
35	LEEMMTACQGVGGPGHKARV	36	AEAMSQVTNPANIMM
37	ANIMMQRGNFRNQRK	38	RNQRKTVKCFNCGKE
39	NCGKEGHIAKNCRAP	40	NCRAPRKKGCWRCGR

Nef:

Peptid	Sequenz	Peptid	Sequenz
41	WRCGREGHQMKDCTE	42	KDCTERQANFLGKIW
43	LGKIWPSYKGRPGNF	44	RPGNFLQSRPEPTAPPE
45	EPTAPPEESFRFGEE	46	RFGEEKTTPPQKQEPI
47	QKQEPIDKELYPLTS	48	YPLTSLRSLFGNDPSSQ

Pol:

Peptid	Sequenz	Peptid	Sequenz
145	FFREDLAFPQGKAREF	146	AFPQGKAREFSSEQTRA
147	REFSSEQTRANSPTRREL	148	RANSPTRRELQVWGR
149	TRRELQVWGRDNNSLSEA	150	GRDNNSLSEAGADRQGTV
151	EAGADRQGTVSFSFPQI	152	GTVSFSFPQITLWQRPLV
153	QITLWQRPLVTIKIGGQL	154	LVTIKIGGQLKEALL
155	IGGQLKEALLDTGADDTV	156	LLDTGADDTVLEEMNL
157	DDTVLEEMNLPGRWKPKM	158	NLPGRWKPKMIGGIGGFI
159	KMIGGIGGFIKVRQYDQI	160	FIKVRQYDQILIEICGHK
161	QILIEICGHKAIGTVLV	162	GHKAIGTVLVGPTPVNII
163	LVGPTPVNIIGRNLLTQI	164	IIGRNLLTQIGCTLNFPI
165	QIGCTLNFPISPIETVPV	166	PISPIETVPVKLKPGM
167	TVPVKLKPGMDGPKVKQW	168	GMDGPKVKQWPLTEEKIK

169	QWPLTEEKIKALVEI	170	EEKIKALVEICTEMEK
171	LVEICTEMEKEGKISKI	172	MEKEGKISKIGPENPY
173	ISKIGPENPYNTPVFAIK	174	PYNTPVFAIKKKDSTKWR
175	IKKKDSTKWRKLVDFREL	176	WRKLVDFRELNKRTQDFW
177	ELNKRTQDFWEVQLGIPH	178	FWEVQLGIPHPAGLKKKK
179	PHPAGLKKKKSVTVLDV	180	KKKSVTVLDVGDAYFSV
181	LDVGDAYFSVPLDKDFRK	182	SVPLDKDFRKYTAFTI
183	DFRKYTAFTIPSINNETPGI	184	PSINNETPGIRYQYNVL
185	PGIRYQYNVLPQGWK	186	QYNVLPQGWKGSPAIF
187	QGWKGSPAIFQSSMTKIL	188	IFQSSMTKILEPFRK
189	MTKILEPFRKQNPDIVIY	190	RKQNPDIVIYQYMDDLYV
191	IYQYMDDLYVGSDLEI	192	DLYVGSDLEIGQHRTKI
193	LEIGQHRTKIEELRQHLL	194	KIEELRQHLLRWGFTTPDK
195	LRWGFTTPDKKHQKEPPF	196	DKKHQKEPPFLWMGYELH
197	PFLWMGYELHPDKWTV	198	YELHPDKWTVQPIVLPEK
199	TVQPIVLPEKDSWTVNDI	200	EKDSWTVNDIQKLVGKL
201	NDIQKLVGKLNWASQIYA	202	KLNWASQIYAGIKVKQL
203	IYAGIKVKQLCKLLRGTK	204	QLCKLLRGTKALTEVIPL
205	TKALTEVIPLTEEAELEL	206	PLTEEAELELAENREILK
207	ELAENREILKEPVHGVYY	208	LKEPVHGVYYDPSKDLIA
209	YYDPSKDLIAEIQKQGQGQW	210	EIQKQGQGQWTYQIY
211	GQGQWTYQIYQEPFKNLK	212	IYQEPFKNLKTGKYARMR
213	LKTGKYARMRGAHTNDVK	214	MRGAHTNDVKQLTEAVQK
215	VKQLTEAVQKIATESIVI	216	QKIATESIVIWGKTPKFK
217	VIWGKTPKFKLPIQKETW	218	FKLPIQKETWEAWWTEYW
219	TWEAWWTEYWQATWIPEW	220	YWQATWIPEWEFVNRPPL
221	EWEFVNRPPLVKLWYQL	222	PPLVKLWYQLEKEPIVGA
223	QLEKEPIVGAETFYVDGA	224	GAETFYVDGAANRETKL
225	DGAANRETKLGKAGYV	226	ETKLGKAGYVTDRGRQKV
227	YVTDRGRQKVVSLTDTTNQK	228	VSLTDTTNQKTELQAIHL
229	QKTELQAIHLALQDSGL	230	IHLALQDSGLEVNIV
231	QDSGLEVNIVTDSQYAL	232	NIVTDSQYALGIIQA
233	SQYALGIIQAQPDKSESEL	234	AQPDKSESELVSQIIEQL
235	ELVSQIIEQLIKKEKVYL	236	QLIKKEKVYLAWVPAHK
237	VYLAWVPAHKGIGGNEQV	238	HKGIGGNEQVDKLVSAGI
239	QVDKLVSAGIRKVLFL	240	SAGIRKVLFLDGIDKA
241	VLFLDGIDKAQEEHEKYH	242	KAQEEHEKYHSNWRAMA
243	KYHSNWRAMASDFNLPPV	244	MASDFNLPPVVAKEIVA
245	PPVVAKEIVASCDKCQLK	246	VASCDKCQLKGEAMHGQV

247	LKGEAMHGQVDCSPGIW		248	GQVDCSPGIWQLDCTHL
249	GIWQLDCTHLEGKIILVA		250	HLEGKIILVAVHVASGYI
251	VAVHVASGYIEAEVIPA		252	GYIEAEVIPAETGQETAY
253	PAETGQETAYFLLKLAGR		254	AYFLLKLAGRWPVKTIH
255	AGRWPVKTIHTDNGSNF		256	TIHTDNGSNFTSTTVKAA
257	NFTSTTVKAACWWAGIK		258	KAACWWAGIKQEFGIPY
259	GIKQEFGIPYNPQSQGVV		260	PYNPQSQGVVESMNKELK
261	VVESMNKELKKIIGQVR		262	ELKKIIGQVRDQAEHLK
263	QVRDQAEHLKTAVQMAVF		264	LKTAVQMAVFIHNFKRK
265	AVFIHNFKRKGGIGGYSA		266	RKGGIGGYSAGERIVDII
267	SAGERIVDIIATDIQTK		268	DIIATDIQTKELQKQITK
269	TKELQKQITKIQNFRVYY		270	TKIQNFRVYYRDSRDPLW
271	YYRDSRDPLWKGPAKLLW		272	LWKGPAKLLWKGEGAVVI
273	LWKGEGAVVIQDNSDIKV		274	VIQDNSDIKVVPRRKAKI
275	KVVPRRKAKIIRDYGKQM		276	KIIRDYGKQMAGDDCVA
277	KQMAGDDCVASRQDED			

4.1.5.2 Peptide zur Identifizierung von Fluchtmutationen

Peptid	Position	Seqeuenz
3-8R	Gag21-35	LRPGGKKRYKLKHIV
3-10R	Gag21-35	LRPGGRKKYRLKHIV
3-14L	Gag21-35	LRPGGRKKYKLKHLV
SL9	Gag77-85	SLYNTVATL
SL9-3F	Gag77-85	SLFNTVATL
SL9-6I	Gag77-85	SLYNTIATL
SL9-3F-6I	Gag77-85	SLFNTIATL
26-16M	Gag253-272	NPPIPVGEIYKRWIIMGLNK
27-18V	Gag263-282	KRWIILGLNKIVRMYSPVSI
30-7Q	Gag293-312	FRDYVDQFYKTLRAEQASQD
30-9F	Gag293-312	FRDYVDRFFKTLRAEQATQD
182-6E	Pol272-287	SVPLDEDFRKYTAFTI
187-12A	Pol306-324	QGWKGSPAIFQASMTKIL
199-4H	Pol395-412	TVQHIQLPEKDIWTVNDI
199-6Q	Pol395-412	TVQPIQLPEKDSWTVNDI
239-13I	Pol702-717	QVDKLVSAGIRKVLFL
256-1V	Pol827-844	VIHTDNGGNFTSGAVKAA

4.1.5.3 Peptide zur Identifizierung optimaler Epitope

Peptid	Position	Seqeuenz
VL9	RT179-187	VIYQYMDDL
VL9-6V	RT179-187	VIYQYVDDL
YV9	RT181-189	YQYMDDLYV
YV9-4V	RT181-189	YQYVDDLYV
VV11	RT179-189	VIYQYMDDLYV
VV11-6V	RT179-189	VIYQYVDDLYV
IV10	RT180-189	IYQYMDDLYV
IV10-5V	RT180-189	IYQYVDDLYV
VY10	RT179-188	VIYQYMDDLY
VY10-6V	RT179-188	VIYQYVDDLY
VG12	RT179-190	VIYQYMDDLYVG
VG12-6V	RT179-190	VIYQYVDDLYVG
IV12	RT178-189	IVIYQYMDDLYV
IV12-7V	RT178-189	IVIYQYVDDLYV
QV8	RT182-189	QYMDDLYV
QV8-3V	RT182-189	QYVDDLYV
YY8	RT181-188	YQYMDDLY
YY8-4V	RT181-188	YQYVDDLY

4.1.6 Primer

Primer	Sequenz (5' -> 3')
Gag:	
692-F	CAG GAC TCG GCT TGC TGA A
737-F	GCG ACT GGT GAG TAC GCC
737-F_x	GCG GCT GGT GAG TAC GCC
769-F	GCG GAG GCT AGA AGG AG
913-R	CTA GCT CCC TGC TTG CCC
989-F	CCC TTC AGA CAG GAT CAG
1269-F	AGA GAA GGC TTT CAG CCC
1291-R	ACT TCT GGG CTG AAA GCC
1291-R_x	ACT TCT GGG CTA AAA GCC

1335-R	GTG GGG TGG CTC CTT CT
1379-R	GGC TGC TTG ATG TCC CC
1485-R	GTT CCT GCT ATG TCA CTT CC
1502-R	CCT GCT ATG TCA CTT CCC
1548-F	TCC ACC TAT CCC AGT AGG
1755-R	TCT GGG TTC GCA TTT TGG AC
1772-R	GGG TTC GCA TTT TGG ACC
1827-F	GAT GAC AGC ATG TCA GGG
2110-R	GGG AAG GCC AGA TCT TCC
2143-F	AGA CCA GAG CCA ACA GCC
2169-R	TTC TGG TGG GGC TGT TGG
2384-R	TGG TTT CCA TCT TCC TGG
2586-F	AAG CCA GGA ATG GAT GGC
2717-R	GTA TGG ATT TTC AGG CCC
2797-F	GAA CTC AAG ACT TCT GGG
3021-R	GCT GGT GAT CCT TTC CAT CC
Pol:	
1816-F	TAG AAG ACA TGA TGA CAG CAT G
1876-F	CTG AAG CAA TGA GCC AAG
2142-F	AGA CCA GAG CCA ACA GCC CC
2217-R	GTT CCT GGT CTT TCG TCC CC
2324-R	GTA TCA TCT GCT CCT GTA TC
2422-R	TCT TAC TTT GAT AAA ACC TCC
2479-F	AGT AGG ACC TAC ACC TGT CAA C
2695-F	AAT TGG GCC TGA AAA TCC
2706-F	AAA ATC CAT ACA ATA CTC CAG
2732-F	GCC ATA AAG AAA AAA GAC AGT
2733-R	GCA AAT ACT GGA GTA TTG TAT GG
2800-F	AGA ACT CAA TAA AAG AAC TCA G
2859-F	CGG GGT TGA AAA AGA AAA GAT
2996-F	CCA CAG GGA TGG AAA GG
3018-R	GGT GAT CCT TTC CAT CC
3049-F	CTT AGA GCC CTT TAG AGC AC
3110-F	TAT GTA GGA TCA GAC TTA G
3128-F	GAA ATA GGG CAG CAT AGA G
3139-R	GCT GCC CTA TTT CTA AGT CA
3162-R	TAA CTC CTC TAT TTT TGC TCT

3185-F	GGA TTT ACC ACA CCA GAC A
3203-R	TGT CTG GTG TGG TAA ATC C
3323-R	TCT GTA TGT CAT TGA CAG TCC
3544-F	GGG GCA AGG CCA ATG GAC
3651-R	AAT TGT TTT ACA TCA TTA GTG TG
3796-F	GTC AAT ACC CCT CCC TTA G
3842-F	GAA CCC ATA TTA GGA GCA G
3897-F	CTA AAT TAG GAA AAG CAG G
4046-R	GTG AGT CTG TTA CTA TGT TTA CTT C
4175-F	GGA GGA AAT GAA CAA GTA GAT AAA
4235-R	GGG CTT TAT CTA TTC CAT C
4302-R	TCA CTA GCC ATT GCT CTC C
4537-F	ATT AGC AGG AAG ATG GCC AG
4672-R	CTT GAC TTT GGG GAT TGT AG
4795-R	CCC TTT TCT TTT AAA ATT GTG
4888-F	TCA AAA TTT TCG GGT TTA TTA C
4972-R	CTG CCC CTT CAC CTT TCC
5021-R	CTT TTC TTC TTG GCA CTA C
5060-R	CAC CTG CCA TCT GTT TTC C
5209-R	GGG ATG TGT ACT TCT GAG C
5280-R	ATG CCA GTC TCT TTC TCC C
5282-R	CAA ATG CCA ATC TCT TTC TCC
5293-R	CTC CCT GTG ACC CAA ATG
5573-R	CTG GGG CTT GTT CCA TCT
Nef:	
8842-F	GTA AGG GAA AGA ATG AGA CG
8912-F	GGA GCA ATC ACA AGT AGC A
9333-R	GTT GTT CTC TCC TTC ATT GG
9359-R	TGA TGA AAT GCT AGG CGG C
CCR5Δ32:	
CCR5-F	CAA TGT GTC AAC TCT TGA CAG G
CCR5-R	ACC TGC ATA GCT TGG TCC AAC C

4.1.7 Medien

R10:

RPMI1640 Grundmedium (ohne Glutamin) supplementiert mit 5 ml L-Glutamin [200 mM], 5 ml Penicillin [10.000 U/ml] / Streptomycin [10 mg/ml], 5 ml HEPES Puffer [1 M] und 50 ml FCS (hitzeinaktiviert, 1 h, 56 °C).

R20:

RPMI1640 Grundmedium (ohne Glutamin) supplementiert mit 5 ml L-Glutamin [200 mM], 5 ml Penicillin [10.000 U/ml] / Streptomycin [10 mg/ml], 5 ml HEPES Puffer [1 M] und 100 ml FCS (hitzeinaktiviert, 1 h, 56 °C).

R10/IL-2:

RPMI1640 Grundmedium (ohne Glutamin) supplementiert mit 5 ml L-Glutamin [200 mM], 5 ml Penicillin [10.000 U/ml] / Streptomycin [10 mg/ml], 5 ml HEPES Puffer [1 M], 50 ml FCS (hitzeinaktiviert, 1 h, 56 °C) und 1:1000 mit 20 mg/ml Interleukin-2 (IL-2).

Hanks:

Hank's Grundmedium (Hank's Balanced Salt Solution (HBSS)) (ohne Glutamin) supplementiert mit 5 ml L-Glutamin [200 mM], 5ml Penicillin [10.000 U/ml] / Streptomycin [10 mg/ml] und 5 ml HEPES Puffer [1 M].

LB-Medium:

Lysogeny broth (LB) ist ein Komplexmedium mit Hefeextrakt (5 g/l), Trypton (10 g/l), und Natriumchlorid (0,5–10 g/l). Der pH-Wert wurde auf 7 eingestellt. Für Plattenkulturen wurde Agar (15 g/l) hinzugegeben.
Das Medium wurde 20 Minuten bei 121 °C autoklaviert.

4.1.8 Verwendete Zelllinien

Zelllinie	Eigenschaften	Bezugsquelle
B-95	EBV-produzierende B-Zelllinie	Prof. Wildner, Augenklinik, Klinikum Innenstadt, LMU
H9	Klon von HUT78	Prof. Eberle, Max-von-Pettenkofer Institut, LMU
K562-pcDNA3.1-Hygro-HLA-A*0201	HLA-A*0201 Expression	Prof. Weiß, Department Biologie II, LMU
K562- pcDNA3.1-Neo-HLA-B*27	HLA-B*27 Expression	Prof. Weiß, Department Biologie II, LMU

4.1.8.1 HLA-Typen der verwendeten lymphoblastoiden B-Zelllinien

Zelllinie	HLA-A*		HLA-B*		HLA-Cw*	
ALR	24	31	14	57	07	08
AN	0201	0202	3501	4901	0401	0701
AT	02	26	08	44	05	07
BN	0101	1101	0801	5501	0303	0701
BS	0301	2402	0702	1501	0102	0702
CR0059t	03	25	42	57	03	-
DJS	0201	0301	35	37	0401	0601
GK	0201	3002	0702	1801	05	0702
GS	02	30	44	57	05	18
IDR	02	24	4001	50	03	04
JBB	01	03	07	57	05	07
KS	03	-	07	-	07	-
LC	0201	2902	4403	5001	0602	1601
MDC	32	-	57	-	06	-
MP	0201	0301	0702	4901	0701	0702
NB	11	29	08	44	04	-
PB	02	29	44	51	15	16
PRLS02	23	33	07	-	07	-
PRLS08	33	68	15	53	03	04
PRLS12	01	-	08	57	06	07

Material und Methoden

RC	02	25	07	18	07	12
SB	24	30	4001	13	06	07
SF15160	03	32	14	44	04	07
SWS	01	24	13	57	06	-
US	0201	2402	2705	5501	0202	0303

4.1.9 Verwendete Viren

Virus	Eigenschaften	Bezugsquelle
EBV	B-95 EBV-produzierende B-Zelllinie	Prof. Wildner, Augenklinik, Klinikum Innenstadt, LMU
HXB2-M184V	HIV-1 Gruppe M Subtyp B, M184V-Mutation	NIBSC, South Mimms, UK

4.1.10 Verwendete Software

Name	Bezugsquelle
Cell Quest	BD, Heidelberg
easyWin fitting V6.1	Tecan, Crailsheim
FlowJo Version 7.1.3	Tree Star Inc., Ashland, USA
Microsoft Office 2007	Microsoft, Redmond, USA
Prism 5.0	GraphPad Software, San Diego, USA
Quantity One 4.3.1	BioRad, München
Vector NTI Advance 9	Invitrogen, Karlsruhe

4.2 Methoden

4.2.1 Patienten

Für die vorliegende Arbeit wurden HIV-positive Patienten der Infektionsambulanz der Medizinischen Poliklinik der LMU eingeschlossen.
Rekrutiert wurden therapienaive Patienten, von denen zwei Gruppen in den ersten Teil der Arbeit einflossen. Zum einen Controller, deren Viruslast unterhalb von 5.000 Kopien/ml Plasma, mit einer CD4+ T-Zellzahl >400 Zellen je µl peripheren Blutes, kontrolliert wurde und zum anderen Progressoren, deren Viruslast oberhalb von 50.000 Kopien/ml Plasma, mit einer CD4+ T-Zellzahl >400 Zellen je µl peripheren Blutes, lag. Für die longitudinale Untersuchung wurden weitere Therapienaive Patienten eingeschlossen.
Für den zweiten Teil der vorliegenden Arbeit wurden zudem Patienten eingeschlossen, die, trotz einer antiretroviralen Therapie, eine nachweisbare Viruslast und Medikamentenresistenzmutationen aufwiesen.
Allen eingeschlossenen Patienten wurden von einem Arzt mündlich über Inhalt, Vorhaben, die Freiwilligkeit, das Rücktrittsrecht und die mit der Studie verbundenen Risiken bei der Blutentnahme aufgeklärt. Alle Teilnehmer der Studie gaben ihre Zustimmung durch die Unterschrift auf der Patienteneinverständniserklärung, die von der Ethikkommission der LMU genehmigt wurde.

4.2.2 Gewinnung von peripheren mononukleären Blutzellen aus Vollblut

Die Dichtegradientenzentrifugation mittels Ficoll ist eine schnelle Methode, mononukleäre Zellen aus peripherem Vollblut (PBMC - engl. *peripheral blood mononuclear cells*) zu gewinnen. Einem Spender wurden mittels Venenpunktion 6-10 EDTA-Röhrchen Blut (~50-90 ml) entnommen.
Zur Separation wurde die Ficoll-Lösung in einem Zentrifugenröhrchen mit Vollblut überschichtet. Die Zentrifugation bei 1500 U/Min (~350 g) für 30 Minuten bei Raumtemperatur und abgeschalteter Bremse führte, aufgrund der spezifischen Eigenschaften des Ficoll, zur Ausbildung von Schichten unterschiedlicher Dichte, die

jeweils verschiedene Zelltypen enthielten. Granulozyten und Erythrozyten, die eine relativ hohe Dichte haben, sedimentierten unter die Ficoll-Phase. Thrombozyten, die die geringste Dichte besitzen, befanden sich dagegen nach der Zentrifugation im Überstand. Die zu isolierenden peripheren mononukleären Zellen (PBMC) bestehend aus Lymphozyten und Monozyten schwammen nach der Zentrifugation als PBMC-Ring in der Interphase zwischen Ficoll und dem verdünntem Blutplasma. Der PBMC-Ring wurde mit einer Pipette abgenommen und in ein steriles 50 ml Zentrifugenröhrchen überführt. Da bei der Überführung der PBMC stets ein Teil des Thrombozytenhaltigen Überstandes und Ficoll mit übertragen wurden, wurde die Zellsuspension in zwei Durchgängen mit Hanks Medium und einem weiteren Durchgang mit R10 Medium gewaschen. Für jeden Waschschritt wurde die Zellsuspension mit 45 ml des jeweiligen Mediums versetzt und zentrifugiert (1500 U/min, 10 Min., RT). Die Thrombozyten wurden dabei mit dem Überstand verworfen.

4.2.3 Automatisierte Bestimmung der Zelldichte

Die Bestimmung der Zelldichte wurde mit Hilfe des automatischen Zählsystems Schärfe System GmbH Casy® 1 TT durchgeführt.
Zur Messung wurde ein Probenvolumen von 50 µl in 10 ml Casy®ton suspendiert. Casy®ton ist eine isotone Salzlösung mit physiologischem pH-Wert, die die Zellen stabilisiert, deren Aggregation vermindert und für die Erhaltung der ursprünglichen Zellgröße sorgt. Diese Zellsuspension wird mit einer Kapillare definierter Größe angesaugt und die einzelnen Zellen zwischen zwei Platinelektroden, an denen ein elektrisches Feld mit niedriger Spannung anliegt, mit einer Frequenz von einer Million Messungen pro Sekunde gezählt. Die Zellen verdrängen ein ihrer Größe entsprechendes Volumen der Salzlösung, wodurch sich der elektrische Widerstand verändert. Während die Zellen das elektrische Feld passieren produzieren sie folglich elektrische Signale. Das Casy® 1 TT analysiert die Amplitude, die Pulsweite, die Dauer und die resultierende Pulsfläche, wodurch das jeweilige Zellvolumen errechnet wird.

4.2.4 Bestimmung der Lebendzellzahl und Vitalität mit Trypanblau

Zur Bestimmung der Lebendzellzahl wurde die Zellsuspension gut resuspendiert und in einer Verdünnung von 1:10 oder, je nach geschätzter Dichte, auch in anderer Verdünnung, mit 10 µl Trypanblaulösung versetzt. Trypanblau ist ein anionischer Diazofarbstoff, der von lebenden Zellen nicht aufgenommen werden kann. Dadurch ist es möglich lebende Zellen, die farblos bleiben, von toten, blau eingefärbten Zellen zu unterscheiden. 10 µl der Trypanblau-Zell-Suspension wurden auf eine Neubauer-Plastikzählkammer (C-Chip) gegeben und zwei Großquadrate, die jeweils neun Kleinquadrate beinhalten, mit Hilfe eines Leitz Dialux 20 EB Mikroskops ausgezählt. Die Lebendzellzahl, in Zellen pro ml, ergab sich aus der Anzahl der lebenden Zellen der ausgezählten Quadranten, multipliziert mit dem Umrechnungsfaktor 1×10^4 (von µl auf ml und Verdünnungsfaktor; evtl. Vorverdünnung plus Verdünnung durch den Farbstoffzusatz).
Die Zellvitalität in Prozent ergab sich aus dem Verhältnis von lebenden Zellen zur Gesamtzellzahl multipliziert mit 100.

4.2.5 Kryokonservierung von Zellen

Eine ausreichende Menge Zellen, zwischen 5 und 15 Millionen pro Aliquot, wurden zunächst mittels Zentrifugation (1500 U/min, 10 Min., 4 °C) sedimentiert, der Überstand wurde verworfen, das Zellsediment in 1 ml auf Eis vorgekühlten Gemisches aus 9 Teilen FCS und 1 Teil Dimethylsulfoxid (DMSO) resuspendiert und in 1,8 ml Kryo-Gefäßen eingefroren. Die Gefäße wurden über Nacht in einem Mr. Frosty Einfrierbehälter auf -80 °C gekühlt. Am folgenden Tag wurden die Gefäße zur Langzeitlagerung in flüssigen Stickstoff überführt.

4.2.6 Auftauen von Zellen

Das Auftauen der gefrorenen Zellen erfolgte im 37 °C warmen Wasserbad. Die noch kalte Suspension wurde in 10 ml R10 Medium überführt und zweimal mit R10 Medium gewaschen (1500 U/min, 10 Min., 4 °C), um das für den Zellstoffwechsel toxische DMSO zu entfernen. Schließlich wurden die Zellen in einem angemessenen Volumen R10 Medium aufgenommen und die Zelldichte sowie die Vitalität der Zellen bestimmt, so dass nach erneuter Zentrifugation eine Zelldichte zwischen 0,5 und 1,5 Millionen Zellen pro ml in entsprechendem Medium vorlag.

4.2.7 Herstellung von Futterzellen

Heterologe Futterzellen wurden bei der Herstellung und Restimulation von CD8+ T-Zelllinien und Zellklonen benötigt. Futterzellen wurden aus primären PBMC, die von HIV negativen Spendern stammten, hergestellt. Dazu wurden die PBMC aus Vollblut extrahiert (vgl. 4.2.2) und mit Hilfe einer Caesiumquelle mit 30 Gy (3.000 rad) bestrahlt, um die Teilungsfähigkeit der Futterzellen zu zerstören. Die von den Futterzellen abgegebenen bekannten und unbekannten Wachstumsfaktoren sowie die Zell-Zell-Kontakte sollten eine optimale Umgebung für die Kultur von Zelllinien und Zellklone bereitstellen. Nach etwa 7 Tagen starben die bestrahlten Futterzellen ab und es verblieben nur die proliferierenden Zelllinien in Kultur.

4.2.8 Peptide

Verwendet wurden um 10 AS überlappende 15-20mer Peptide (vgl. Abb. 4), die das gesamte Gag-, Nef- und Pol-Produkt überspannten (vgl. 4.1.5.1). Für die im Elispot verwendeten, überlappenden Peptide wurde die Konsensussequenz von HIV-1 Subtyp B von 2001 zu Grunde gelegt [87]. Insgesamt wurden 48 überlappende Peptide für das Gag-, 20 für das Nef- und 133 für das Pol-Produkt mit einer Reinheit >70% verwendet.

```
Sequenz    PAIFQSSMTKILEPFRKQNPDIVIYQYMDDLYVGSDLEIGQHR
Peptid 1   IFQSSMTKILEPFRK
Peptid 2      MTKILEPFRKQNPDIVIY
Peptid 3           RKQNPDIVIYQYMDDLYV
Peptid 4                IYQYMDDLYVGSDLEI
```

Abbildung 4: Beispiel zum Schema der um 10 Aminosäuren überlappenden Peptide für die Bereiche des Gag-, Nef- und Pol-Proteins. Verwendung fanden 40 um 10 Aminosäuren überlappende Peptide, die das Gag-Protein überspannten, 28 Peptide für Nef- und 133 Peptide, die den Bereich des Pol-Proteins überspannten.

Zur Identifizierung von optimalen Epitopen wurden weitere Peptide unterschiedlicher Länge verwendet, die um eine oder zwei Aminosäuren länger bzw. kürzer waren, als das vermutete Epitop (vgl. 4.1.5.3). Diese Peptide hatten ebenfalls eine Reinheit >70% und wurden logarithmisch verdünnt (von 200 mg/ml bis 2 ng/ml). Als optimales Epitop wurde ein Peptid angesehen, dass bei geringster Verdünnung die stärkste IFN-γ Produktion hervorrief. Im Falle zweier Peptide mit gleich starker IFN-γ Produktion wurde das kürzere als optimales Epitop angesehen.

4.2.9 Interferon-γ Elispot

Der Interferon-γ (IFN-γ) Elispot (engl. *enzyme linked immunospot assay*) ist eine Methode, die spezifische T-Zellen, die nach Stimulation mit dem entsprechenden Antigen das Zytokin IFN-γ produzieren, auf Zellebene erfassen kann. Die Elispot-Analyse stellt spezifische CD8+ T-Zell Reaktionen in Form kleiner Farbpunkte dar, die sich auf dem Boden einer Vertiefung befinden.
Bei einer Elispotplatte handelt es sich um eine Mikrotiterplatte mit 96 Vertiefungen auf deren Boden eine Immobilon-P Nitrozellulosemambran liegt. Eine Platte wurde mit monoklonalen Antikörpern gegen INF-γ über Nacht bei 4 °C im Kühlschrank beschichtet. Die nicht an der Nitrozellulosemembran anhaftenden Antikörper wurden in einem Waschschritt mit PBS mit 1% FCS am folgenden Tag entfernt. Das im PBS befindliche FCS sollte unspezifische Bindestellen abdecken und so falsch positive Ergebnisse minimieren. In die Vertiefungen der Platten wurden je Vertiefung 100.000 PBMC und zu einer Endkonzentration von 14 µg/ml überlappende Peptide (vgl. 4.2.8) pipettiert.

Material und Methoden

Zusätzlich wurden negativ Kontrollen (PBMC ohne Antigen) und positiv Kontrollen angelegt. Als positiv Kontrollen wurden sowohl Phytohaemagglutinin (PHA), als auch eine Mischung (FEC) aus mehreren Epitopen von Grippe (engl. *flu*), Epstein-Barr-Virus (EBV) und Zytomegalie-Virus (CMV) verwendet. Es folgte eine etwa 14-16 stündige Inkubationszeit bei 37 °C in einem mit 5% CO_2 begasten Brutschrank.

Nach Antigenerkennung wurden die Antigen-spezifischen CD8+ T-Zellen aktiviert und produzierten das Zytokin IFN-γ, das von den am Boden der Platte anhaftenden Antikörpern gebunden wurde. Die zellulären Bestandteile wurden in einem Waschschritt mit PBS nach der Inkubationszeit entfernt. Ein zweiter gegen IFN-γ gerichteter Antikörper, der auf ein anderes Epitop von IFN-γ zielt, wurde hinzugegeben und sollte an die aus Antikörper und IFN-γ bestehenden Komplexe binden (vgl. Abb. 5).

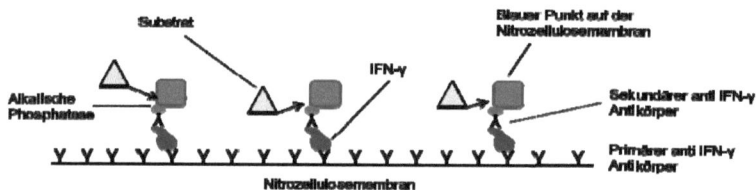

Abbildung 5: Prinzip der IFN-γ Elispot-Analyse.

In einem weiteren Schritt wurde eine Alkalische-Phosphatase an den zweiten, biotinylierten anti-IFN-γ Antikörper geheftet und nach Zugabe des Enzymsubstrates durch eine spezielle Farbreaktionen sichtbar gemacht, so dass die entstandenen Punkte in einem Blau-Ton erschienen. Jeder dieser farbigen Punkte repräsentierte das Gebiet, innerhalb dessen eine CD8+ T-Zelle mit IFN-γ Sekretion auf das jeweilige Antigen reagiert hatte. Die getrockneten Elispot Platten wurden mit Hilfe eines Elispot Lesegerätes (AID) ausgewertet und als „spot forming cells" (SFC) je Million Zellen angegeben.

4.2.9.1 Gag-/Nef-Elispot

Patienten wurden auf CD8+ T-Zellantworten gegenüber den viralen Proteinen Gag und Nef mit Hilfe von überlappenden Peptiden, 40 für das Gag-Protein und 28 für das Nef-Protein, untersucht (vgl. 4.1.5.1).

4.2.9.2 Pol-Elispot

Im Falle der 133 Peptide des Pol-Produktes (vgl. 4.1.5.1), wurde zunächst ein Elispot mit einem Gemisch aus mehreren dieser Peptide durchgeführt. Dazu wurden jeweils 6 oder 7 unterschiedliche Peptide derart kombiniert, dass jeweils ein Peptid in zwei unterschiedlichen Kombinationen geradeso vorlag, dass eine Identifizierung des jeweils erkannten Peptides möglich war. So konnte z.B. bei einer positiven Antwort in der Vertiefung der Mischung 3 und der Mischung D das Peptid 168 als positive Antwort identifiziert werden (Schema vgl. Tab. 1).

Tabelle 1: Schema der Pol-Peptid Mischungen (A-U & 1-19).

	1	2	3	4	5	6	7
A	145	146	147	148	149	150	151
B	152	153	154	155	156	157	158
C	159	160	161	162	163	164	165
D	166	167	**168**	169	170	171	172
E	173	174	175	176	177	178	179
F	180	181	182	183	184	185	186
G	187	188	189	190	191	192	277

Zur Bestätigung wurden die so ermittelten Peptide erneut einzeln mit Hilfe eines Elispot getestet. Erst wenn dieser Bestätigungstest ebenfalls positiv ausfiel, wurde von einer CD8+ T-Zellantwort des jeweiligen Patienten gegenüber dem betreffenden Peptid ausgegangen.

4.2.9.3 Titrations-Elispot

Titrationen von einzelnen Peptiden wurden für die Identifikation von viralen Fluchtmutationen oder für die Identifikation optimaler Epitope durchgeführt. Dazu wurden logarithmische Verdünnungen (14 µg/ml – 140 pg/ml) der jeweiligen modifizierten Peptide (vgl. 4.1.5) hergestellt und mit 100.000 Zellen je Vertiefung mit den entsprechenden Wildtyp-Peptiden verglichen.

Material und Methoden

4.2.10 Zellkultur

Alle verwendeten Zellkulturen wurden bei 37 °C und 5% CO_2 in Gewebekulturflaschen oder –platten in einem Heracell-Begasungsbrutschrank kultiviert. In Kultur befindliche Zellen waren in einem Volumen von 20 ml entsprechenden Mediums und wurden durch den Austausch von 7-10 ml des jeweiligen Mediums gefüttert.
Alle Zellkulturarbeiten wurden an einer Sterilwerkbank der Klasse II durchgeführt.

4.2.11 Herstellung von CD8+ T-Zelllinien durch Stimulation mit Hilfe des anti-CD3-Antikörper 12F6

Für die Herstellung von CD8+ T-Zelllinien wurden $2x10^6$ PBMC mit einer Wuchsdichte von $1x10^6$ Zellen/ml R10/IL-2 Medium mit $2x10^7$ heterologen, mit 30 Gy bestrahlten Futterzellen (vgl. 4.2.7) gemischt und mit 0,1 µg/ml des anti-CD3-Antikörpers 12F6 versetzt. Die Zellen wurden in 25 cm²-Zellkulturflaschen in einem Brutschrank (37 °C, 5% CO_2) kultiviert und jeden Montag und Freitag durch den Austausch von R10/IL-2 Medium gefüttert (vgl. 3.2.9). Durch die Sekretion von Chemokinen und Zytokinen sollten die Futterzellen zudem ein serumähnliches Milieu erzeugen und dadurch die CD8+ T-Zellen bei der Proliferation unterstützen.

4.2.12 Herstellung von CD8+ T-Zelllinien durch Stimulation mittels Peptid beladener antigenpräsentierender Zellen

Als antigenpräsentierende Zellen (APC) wurden je nach Bestand autologe PBMC, lymphoblastoide B-Zelllinien (B-LCL) oder auch CD8+ T-Zelllinien verwendet. Dies wurde erreicht indem das gewünschte Peptid in einer Endkonzentration von 1 µg/ml Medium zu $1x10^6$ APC/ml pipettiert und für eine Stunde bei 37 °C in einem mit 5% CO_2 begasten Brutschrank inkubiert wurde. Im Anschluss an diese Inkubationsphase wurden die APC für 30 Minuten bei 30 Gy bestrahlt und drei Mal mit R10 Medium gewaschen um nicht gebundenes Peptid aus dem Medium zu entfernen. Die zu stimulierenden Zellen wurden in einer Dichte von 1×10^6 Zellen/ml R10/IL-2 Medium mit 2×10^7 heterologen, mit 30 Gy bestrahlten Futterzellen gemischt und 3×10^6 bestrahlte, Peptid beladene APC hinzugegeben. Die Zellsuspension wurde in 25 cm²-Zellkulturflaschen in einem Brutschrank (37 °C, 5% CO_2) kultiviert und zwei Mal pro Woche mit R10/IL-2 Medium gefüttert. Die bestrahlten Futterzellen und B-LCL starben nach etwa einer Woche ab, sie sollten bis dahin die CD8+ T-Zellen durch Präsentation des Antigens zur Teilung anregen.

Nach 7-10 Tagen wurden die stimulierten CD8+ T-Zelllinien auf ihre Spezifität mittels Peptidstimulation und intrazellulärer Fluoreszenzfärbung von IFN-γ getestet (vgl. 4.2.17.2).

4.2.13 Herstellung von primären CD4+ T-Zell Anreicherungskultur durch Stimulation mittels anti-CD3/anti-CD8 Antikörpern

$2\text{-}5\times10^6$ PBMC wurden bei 1500 U/min für 10 Minuten sedimentiert, der Überstand abgenommen und die Zellen in 100-200 µl verbliebenen Überstandes resuspendiert. Nach Zugabe von 1 µl/Mio. PBMC einer anti-CD3/CD8-Antikörper Stocklösung [1 mg/ml] wurde die Zellsuspension für fünf Minuten bei 37 °C in einem Brutschrank bei 37 °C und 5% CO_2 inkubiert. Im Anschluss wurden die Zellen auf eine Konzentration von 1 Million PBMC/ml in R10/IL-2 Medium resuspendiert und 1 ml je Vertiefung in einer 24-Lochplatte kultiviert (bei 37 °C, 5% CO_2). Nach 3-4 Tagen wurden die wachsenden CD4+ T-Zellen aus den Vertiefungen der 24-Lochplatte in eine 25 cm²-Zellkulturflasche überführt und mit R10/IL-2 Medium gefüttert. Ab Tag 6 konnten die CD4+ T-Zellkultur auf Reinheit mittels Fluoreszenz-Färbung und anschließender FACS-Analyse (vgl. 4.2.17) überprüft werden. Bis Tag 10 waren die CD4+ T-Zellen für eine Verwendung in einem Replikationshemmtest (vgl. 4.2.23) geeignet.

4.2.14 Herstellung von immortalisierten B-Zelllinien

Zur Herstellung von immortalisierten B-lymphoblastoide Zelllinien (B-LCL) wurden 10×10^6 frische oder aufgetaute PBMC eines HLA-typisierten Probanden (vgl. 4.2.18) in 1 ml R20 Medium mit EBV infiziert und mit 0,4 µg/ml Cyclosporin A (CSA) für 4-6 Wochen in einem Brutschrank bei 37 °C inkubiert. EBV infiziert selektiv B-Zellen und führt letztlich in Kombination mit dem Immunsupressivum CSA, das T-Zellen supremiert, dazu, dass die infizierten B-Zellen immortalisiert werden und proliferieren [88]. Nach 4-6 Wochen entstanden so B-LCL (vgl. 4.1.8.1), die bis zur Verwendung in 20 ml R20 Medium in einem Brutschrank bei 37 °C und 5% CO_2 kultiviert wurden. Zwei Mal pro Woche wurden die B-LCL durch den Austausch von 7-10 ml R20 Medium gefüttert. Ein Aliquot der hergestellten B-LCL wurde zudem in flüssigem Stickstoff kryo-konserviert.

4.2.15 Gewinnung von klonalen primären CD8+ HIV-spezifischen T-Zelllinien mittels Klonierung in Grenzverdünnung

Für die Klonierung von CD8+ T-Zellen wurden zunächst CD8+ T-Zelllinien eines HIV-positiven Probanden hergestellt oder aufgetaut (vgl. 4.2.11 bzw. 4.2.6). Diese wurden mit 5×10^5 bestrahlten Futterzellen/ml in R10/IL-2 Medium und 0,1 µg/ml 12F6, derart verdünnt, dass sich bei der Aussaat von je 200 µl in 96 Loch-Rundbodenplatten jeweils 3, 10, 30 oder 50 Zellen pro Vertiefung befanden. Nach 7 Tagen Inkubation im Brutschrank (37 °C, 5% CO_2) wurden die Zellen jeden Montag und Freitag durch den Austausch von 100 µl R10/IL-2 Medium gefüttert und nach weiteren 14-21 Tagen konnten gegebenenfalls erste Klone entnommen, zur Vermehrung erneut stimuliert und zur Expansion in 24-Lochplatten überführt werden. Das Ziel dieser Grenzverdünnung war es, eine Verdünnung zu erreichen, bei der in den einzelnen Vertiefungen der Kulturplatten, in die die Zellen ausgesät wurden, jeweils nur eine einzige Zelle proliferierte, so dass aus dieser ein T-Zellklon erwachsen konnte. Eine Überprüfung, ob ein Klon oder ein Gemisch aus CD4+ und CD8+ T-Zellen vorlag, wurde mit einer Immunfluoreszenzfärbung mit geeigneten Antikörpern durchgeführt.

4.2.16 Peptidstimulation von HIV-spezifischen CD8+ T-Zellen

Für die Überprüfung der Spezifität von PBMC bzw. CD8+ T-Zelllinien mit Hilfe der Durchflusszytometrie (vgl. 4.2.17) wurden $1x10^6$ Zellen in einem Volumen von einem ml mit dem jeweilig zu untersuchenden Peptid in einer Endkonzentration von 4 µg/ml Medium über einen Zeitraum von insgesamt sechs Stunden bei 37 °C in einem mit 5% CO_2 begasten Brutschrank inkubiert. Nach einer Stunde wurden 10 µl einer 1 mg/ml Brefeldin A Lösung hinzugegeben. Brefeldin A ist ein Lacton-Antibiotikum, das den Transport von Proteinen, wie z.B. IFN-γ aus dem Endoplasmatischen Retikulum (ER) zum Golgi-Apparat verhindert, wodurch es im Verlauf der weiteren Inkubation zu einer Akkumulation von IFN-γ im ER kommt. Dieses akkumulierte IFN-γ konnte im Folgenden mittels fluoreszenzmarkierter Antikörper angefärbt werden und an einem FACSCalibur Durchflußzytometer gemessen werden.

4.2.17 Fluoreszenz-Färbung (Durchflußzytometrie)

Das Durchflußzytometer FACSCalibur bietet mit seinen 2 Lasern die Möglichkeit, vier unterschiedliche Fluoreszenzfarbstoffe zu messen und somit vier verschiedene Eigenschaften der Zellen parallel zu untersuchen. In der Regel wurden von einer Probe 100.000 Ereignisse gemessen und mit Hilfe der FlowJo Software ausgewertet.

4.2.17.1 Extrazelluläre Zellfärbung

Die Färbung mit Antikörpern, an die ein Fluoreszenzfarbstoff gekoppelt ist, ist eine sichere und einfache Methode Zellpopulationen zu bestimmen.
Für jede Bestimmung wurden etwa $1x10^6$ Zellen mit 2 ml PBS + 1% FCS gewaschen, bei 1500 U/Min. für 10 Minuten sedimentiert und für 20-30 Minuten in einem Volumen von 100 µl in einem Kühlschrank bei 4 °C mit den entsprechenden Antikörpern (Konzentration nach Herstellerangabe) inkubiert. Verwendung fanden je nach Fragestellung CD3-FITC, CD4-APC, CD8-PerCP, CD38-FITC, PD-1-PE, CD107a-FITC oder das HLA-A*0201-SLYNTVATL-Pentamer-APC.

Material und Methoden

Das HLA-A*0201-SLYNTVATL-Pentamer-APC wurde dazu verwendet, CD8+ T-Zellen zu identifizieren, die über einen TCR verfügten, der spezifisch für das an HLA-A*0201 gebundene SYLNTVATL-Peptid war.
Zur Entfernung nicht gebundener Antikörper wurden die Zellen zweimal mit PBS gewaschen und anschließend mit 100 µl Fixierlösung (Fix&Perm Soulution A, Invitrogen) für 15 Minuten bei RT fixiert. Das, in der Fixierlösung enthaltene Paraformaldehyd sorgte dafür, dass die Zellstruktur erhalten blieb, was vor allem für eine intrazelluläre Färbung (siehe 4.2.17.2) wichtig war, und die an ihr Antigen gebundenen Antikörper fixiert wurden. Nach einem erneuten Waschschritt mit PBS wurden für eine intrazelluläre Färbung weiter verwendet oder die Zellen in 200 µl PBS resuspendiert und an einem FACScalibur (BD) gemessen.

4.2.17.2   Intrazelluläre Färbung

Zur Bestimmung der IFN-γ Produktion stimulierter CD8+ T-Zellen oder für die Färbung von HIV-Kernantigenen in infizierten CD4+ T-Zellen wurde eine intrazelluläre Färbung vorgenommen. Dazu wurden die bereits extrazellulär angefärbten und fixierten Zellen mit einer Permeabilisierungslösung (Fix & Perm Solution B, Invitrogen) für 15 Minuten bei RT inkubiert. Die Permeabilisierungslösung erzeugte Löcher in der Zellmembran, durch die es den intrazellulären Antikörpern möglich war ins Innere der Zellen zu gelangen und an ihr Ziel zu binden. Die verwendeten Antikörper IFN-γ-FITC, IFN-γ-APC oder KC-57-FITC wurden im Anschluss an die Permeabilisierungsreaktion ohne vorherigen Waschschritt zur Zellsuspension hinzugegeben und für 20-30 Minuten bei 4 °C in einem Kühlschrank inkubiert. Nach dem folgten Waschschritt mit PBS wurden die Zellen in 200 µl PBS resuspendiert und konnten an einem FACSCalibur gemessen werden.

4.2.18   Identifizierung spezifischer CD8+ T-Zellen

Die Identifizierung von Peptid-spezifischen CD8+ T-Zellen erfolgte über die Stimulation von PBMC bzw. CD8+ T-Zelllinien mit dem zu untersuchenden Peptid (vgl. 4.2.16) und einer anschließenden Fluoreszensfärbung (vgl. 4.2.17). Zunächst wurden die CD8+ T-Zellen eingegrenzt und im Folgenden die Peptid-spezifischen CD8+ T-Zellen über das intrazellulär angefärbte INF-γ identifiziert und quantifiziert. Alternativ wurden HLA-A*0201-SLYNTVATL-spezifische CD8+ T-Zellen mit Hilfe des HLA-A*0201-SLYNTVATL-Pentamers direkt identifiziert.

4.2.19 Identifizierung von viralen Fluchtmutationen

Die Identifikation von viralen Fluchtmutationen erfolgte anhand einer Sequenzanalyse des autologen Virus der jeweiligen Patienten. Waren Aminosäureveränderungen in relevanten CD8+ T-Zellantworten vorhanden, wurden diese mit Hilfe von Titrationen der mutierten Peptide (vgl. 4.1.5.2) im Elispot untersucht (vgl. 4.2.9.3). Ergab eine Titration, das ein mutiertes Peptid im Vergleich zu dem entsprechenden Wildtyp-Peptid schlechter oder nicht mehr erkannt, wurde von einer Fluchtmutation ausgegangen.

4.2.20 DNA Extraktion und HLA-Typisierung

Genomische DNA aus PBMC von Patienten wurde mit Hilfe des Qiagen DNA Extraktions Kits nach Angaben des Herstellers gewonnen.
Die HLA-Typisierung aus DNA der Patienten erfolgte im Labor für Immungenetik der Abteilung für Transfusionsmedizin im Klinikum Großhadern der LMU München.

4.2.21 Bestimmung der HLA-Restriktion

Für eine Charakterisierung von Epitopen ist es notwendig ihre HLA-Restriktion, d.h. den HLA-Typen, zu bestimmen, der dieses Epitop auf der Zelloberfläche präsentiert. Um ermitteln zu können, welches der verschiedenen HLA-Moleküle eines Patienten ein bestimmtes Epitop präsentiert, wurden unterschiedliche B-LCL verwendet (vgl. 4.2.14). Für jeweils einen Patienten wurden hierzu mehrere allogene B-LCL verwendet, die ein oder zwei übereinstimmende HLA-Moleküle mit dem zu untersuchenden Patienten aufwiesen. Die B-LCL wurden so ausgewählt, dass eine eindeutige Identifikation des jeweiligen HLA-Moleküls eines Patienten möglich war, von dem das untersuchte Epitop den CD8+ T-Zellen des Patienten präsentiert wurde. Die B-LCL wurden mit dem Peptid beladen, indem das gewünschte Peptid in einer Endkonzentration von 1 µg/ml R10 Medium zu 5×10^5 Zellen/ml pipettiert und für eine Stunde bei 37 °C in einem mit 5% CO_2 begasten Brutschrank inkubiert wurde. Im Anschluss an diese Inkubationsphase wurden die B-LCL drei Mal mit R10 Medium gewaschen um nicht gebundenes Peptid aus dem Medium zu entfernen. Die mit dem Epitop beladenen B-LCL wurden in einem Verhältnis von 1:5 mit CD8+ T-Zellen für einen Zeitraum von insgesamt sechs Stunden bei 37 °C in einem mit 5% CO_2 begasten Brutschrank inkubiert. Nach einer Stunde wurden je ml Medium 10 µl einer 1 mg/ml Brefeldin A Lösung hinzugegeben um die Anreicherung von IFN-γ im ER zu erreichen. Im Anschluss an die Inkubation wurde eine Fluoreszenzfärbung für eine spätere FACS Analyse durchgeführt (vgl. 4.2.17).

4.2.22 In vitro Infektion von CD4+ T-Zellen mit HIV-1

Zur Infektion dieser CD4+ T-Zellen mit HIV wurden diese zunächst mit PHA stimuliert, da sich in der Ruhephase befindliche CD4+ Zellen nur schlecht mit HIV infizieren lassen. Die Stimulation von 5×10^6 Zellen erfolgte in 10 ml R-10/IL-2 mit einem Zusatz von 2 µg/ml PHA für 48 Stunden in einer $25cm^2$-Zellkulturflasche im Brutschrank bei 37 °C und 5% CO_2. Je nach gewünschter Infektionsrate (MOI – engl. *mean of infection*) wurden die so aktivierten CD4+ T-Zellen mit einem entsprechenden Aliquot eines HI-Virus, mit bekanntem Titer (vgl. 4.2.24), für vier Stunden in einem Brutschrank bei 37 °C und 5% CO_2 inkubiert und anschließend drei Mal mit R10 Medium gewaschen (1500 U/Min., 10 Min., RT).
Je nach gewünschter Anwendung wurden die infizierten Zellen weiter verwendet.

4.2.23 Viruskultur

Die Vermehrung von Virus erfolgte in Zellkultur. Hierzu wurden H9-Zellen (vgl. 4.1.8) in R10 Medium mit Virus, das es zu vermehren galt, infiziert und über einen Zeitraum von 2-3 Wochen, bei 37 °C in einem mit 5% CO_2 begasten Brutschrank kultiviert. Die Kultur wurde zwei Mal pro Woche durch den Austausch von R10 Medium gefüttert. Nach 2-3 Wochen wurde der Kulturüberstand abgenommen, in 1,8 ml Kryo-Röhrchen aliquotiert und bei -80 °C eingefroren. Zur Bestätigung der Sequenz des vermehrten Virus wurde aus der Kultur eine RT-PCR durchgeführt und das Produkt sequenziert. Eine erfolgreiche Infektion von H9-Zellen konnte bei den verwendeten Viren anhand der Bildung von Synzytien erkannt werden. Ein Synzytium ist eine mehrkernige Plasmazelle, die durch die Verschmelzung vieler Einzelzellen entsteht (vgl. Abb. 6).

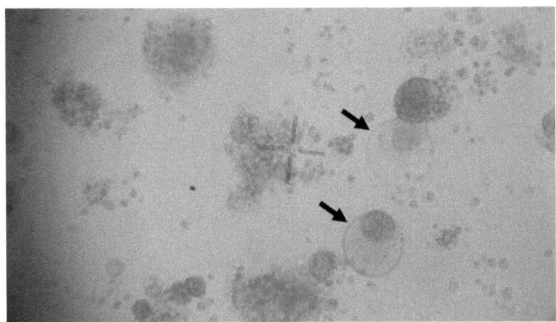

Abbildung 6: Synzytien in einer H9-Zellkultur nach Infektion mit HIV-1 (HXB2-M184V). Rechts neben und unterhalb des Fadenkreuzes liegen zwei große, polyenergide, plasmareiche Synzytien (gekennzeichnet durch die beiden Pfeile).

4.2.24 Bestimmung des Titers einer Viruskultur

Zur Bestimmung des Virustiters (TCID50) eines eingefrorenen HI-Virusstocks wurde ein Aliquot aufgetaut und mit diesem eine logarithmische Verdünnungsreihe (10^{-1} bis 10^{-6}) hergestellt. In jeweils vier Vertiefungen einer 24-Loch Zellkulturplatte wurden 0,9 ml einer H9-Zellkultur und 100 µl einer Virusverdünnung gegeben und die

Verdünnungsreihen erneut um den Faktor 10 verdünnt (10^{-2} bis 10^{-7}). Auf diese Weise wurden sechs Verdünnungen in jeweils vier Vertiefungen hergestellt. Die 24-Lochplatten wurden für 2-3 Wochen bei 37 °C in einem mit 5% CO_2 begasten Brutschrank kultiviert und zwei Mal pro Woche durch den Austausch von R10 Medium gefüttert.

Eine erfolgreiche Infektion der H9-Zellen durch die jeweilige Virusverdünnung wurde nach 2-3 Wochen anhand der Bildung von Synzytien erkennbar. Der Titer der Viruskultur wurde anhand der Zahl, der Vertiefungen, in denen Synzytien vorhanden waren, errechnet. So lag z.B. der Titer einer 10^{-4} Verdünnung, bei der drei von vier Vertiefungen Synzytien aufwiesen, bei $10^{4,25}$. Dabei entsprach jede Vertiefung dem Viertel einer log Stufe.

4.2.25 Viraler Hemmtest

Anhand viraler Hemmtests sollte die Fähigkeit bestimmter CD8+ T-Zelllinien oder CD8+ T-Zellklonen ermittelt werden, die Replikation des HI-Virus in einer Kultur von HIV-infizierten CD4+ T-Zellen zu inhibieren.

Dazu wurden CD4+ T-Zellen mit einer durchschnittlichen Infektionsrate (MOI - engl. *mean of infection*) von 0,01 mit HIV-infiziert. 5×10^5 infizierte CD4+ T-Zellen wurden auf eine 24-Lochplatte ausplattiert und in einem Verhältnis von 1:4 mit CD8+ T-Effektorzellen in 2 ml R10/IL-2 Medium in einem Brutschrank bei 37 °C und 5% CO_2 inkubiert. Über einen Zeitraum von zwei Wochen wurde alle zwei Tage 1 ml des Kulturüberstands abgenommen, durch 1 ml frisches R10/IL-2 Medium ersetzt und für einen späteren p24-ELISA (siehe 4.2.26) bei -80 °C eingefroren.

4.2.26 p24-ELISA

Ein ELISA (engl. *enzyme linked immunosorbent assay*) ist ein immunologisches Nachweisverfahren, das auf einer enzymatischen Farbreaktion basiert.

Der p24-ELISA ist ein sog. Sandwich-ELISA, bei dem zwei Antikörper zum Einsatz kommen, die gegen zwei unterschiedliche Epitope des HIV p24-Kernproteins gerichtet sind. Der erste Antikörper wird an die Oberfläche einer 96-Lochplatte gebunden um das Zielantigen zubinden, wogegen der zweite Antikörper, der mit einem Enzym gekoppelt ist, ein anderes Epitop des Zielantigens erkennt, so dass die beiden Antikörper nicht miteinander konkurrieren. Für den p24-ELSIA wurde das Perkin-Elmer p24-ELISA Kit gemäß Benutzerhandbuch verwendet.

Eine 96-Lochplatte, auf deren Oberfläche ein Antikörper gegen p24 gebunden war, wurde mit 200 µl einer Verdünnung des mit Hilfe von, im Kit enthaltenen, Triton-X lysierten Kulturüberstand eines viralen Hemmtests (vgl. 4.2.25) beladen und für zwei Stunden bei 37 °C und 5% CO_2 inkubiert. Nach Ablauf der Inkubationsphase wurde die Platte mit einer Waschlösung gewaschen um die ungebundenen Bestandteile der Probe zu entfernen. Das am primären Antikörper gebundene p24-Antigen verblieb auf der Platte. Im nächsten Schritt wurde der Detektions-Antikörper zugegeben, der ein anderes Epitop des p24 erkannte. Dieser zweite Antikörper band ebenfalls an das p24-Antigen und es entstand ein Antikörper-Antigen-Antikörper-Komplex. Durch erneutes Waschen der Platte wurden nicht gebundene Antikörper ausgewaschen. In einem weiteren Schritt wurde an den zweiten Antikörper eine Meerrettichperoxidase (HRP - engl. *horseradishperoxidase*) gebunden. Anschließend wurde ein zu dem Enzym passendes chromogenes Substrat hinzugegeben, das von dem Enzym zu einem Reaktionsprodukt umgesetzt wurde und der daraus resultierende Farbumschlag konnte an einem Tecan Spectra ELISA-Messgerät ermittelt werden. Die Quantifizierung der Messergebnisse erfolgte über den Abgleich mit einer Eichkurve mit bekannten Konzentrationen.

4.2.27 Extraktion viraler RNA aus Blutplasma

Virale RNA wurde mit Hilfe des Viral RNA Extraktion Kit gemäß Herstellerangabe aus 0,5-1 ml Blutplasma extrahiert.
Die virale RNA konnte daraufhin in einer RT-PCR verwendet werden (vgl. 4.2.28).

4.2.28 Polymerase Kettenreaktion (PCR)

Für eine Reverse-Transkriptase - Polymerase Kettenreaktion (RT-PCR) wurde das Superscript II - First Strand Synthesis System für RT-PCR gemäß Herstellerangabe verwendet. Aus zuvor extrahierter viraler RNA (vgl. 4.2.27) wurde mit Hilfe der Reversen-Transkriptase eine cDNA hergestellt, die im Folgenden bei einer Nested-PCR Verwendung fand.

Die Nested-PCR ist ein hochsensitives PCR-Verfahren, bei dem zwei PCR-Reaktionen nacheinander geschaltet werden. Ein Anteil des PCR-Produktes aus der ersten Amplifikation dient dabei als Matrize für die zweite PCR. In dieser wurde durch ein zweites Primerpaar, das an Sequenzbereiche innerhalb dieser Matrize band, ein kürzeres DNA-Fragment amplifiziert. Für alle PCR-Reaktionen wurde das Enzym Phusion verwendet, das eine Korrekturlesefunktion beinhaltet und dadurch eine geringe Anfälligkeit für Fehler hat.

Ein PCR Ansatz (50 µl) setzte sich aus folgenden Bestandteilen zusammen:
- 5-fach Phusion HF-Puffer
- dNTP-Mix 10 mM
- Primer-Mix 12,5 µM
- DNA-Matrize ~300 ng genomische DNA
- Phusion 1 Einheit
- doppelt destilliertes Wasser

Eine PCR wurde wie folgt durchgeführt:

96 °C	30"	
96 °C	10"	
56-62 °C	25"	**30-35 Zyklen**
72 °C	35"	
72 °C	10'	

Zur Kontrolle wurden PCR Produkte auf einem 1% Agarosegel elektrophoretisch aufgetrennt.

4.2.29 Agarose-Gel-Elektrophorese

DNA-Proben wurden mit 0,1 Volumen DNA-Auftragspuffer versetzt und mit Ethidiumbromidhaltigen (1 µg/ml) Agarosegelen (1 - 2 % Agarose) in TAE-Puffer bei etwa 1 V/cm^2 aufgetrennt.
Die Größenzuordnung erfolgte anhand von DNA-Standards und die Visualisierung der Banden wurde mit Hilfe des Geldokumentationssystems Geldoc 2000 für analytische Gele oder auf dem UV-Leuchttisch für präparative Gele durchgeführt.

4.2.30 Gel-Extraktion

DNA-Fragmente wurden mit Hilfe eines Agarosegels (vgl. 4.2.29) aufgetrennt und die gewünschte Bande mit einem Skalpell auf einem UV-Transilluminator ausgeschnitten. Die Elution von DNA-Fragmenten aus Agarosegelen erfolgte mit einem Qiagen QiaEx II Gel-Extraction Kit gemäß den Angaben des Herstellers. Extrahierte PCR-Produkte wurden anschließend sequenziert.

4.2.31 Topo TA Cloning® Kit

Zur Identifizierung von M184V-Minoritäten innerhalb der Viruspopulation eines Patienten wurde das PCR-Produkt einer RT-PCR (vgl. 4.2.28) mit Hilfe des Topo TA Cloning® Kits nach Herstellerangabe in einen pCR®2.1-TOPO®-Vektor kloniert, in chemokompetente DH5α *Escherichia coli (E. coli)* transfiziert und auf Agarplatten mit 50 µg/ml Ampicillin ausplattiert und bei 37 °C über Nacht inkubiert. Am folgenden Tag wurden einzelne *E. coli* Kolonien von der Platte gepickt und in LB-Medium (vgl. 4.1.7) für einen weiteren Tag bei 37 °C kultiviert. Aus den so vermehrten *E. coli* Kolonien wurden die Vektoren mit Hilfe des Qiagen Plasmid Mini Kits nach Herstellerangabe extrahiert und sequenziert.

5 Ergebnis

5.1 Auswirkungen veränderter Antigenspiegel auf die CD38 / PD-1 Ko-Expression auf HIV-spezifischen CD8+ T-Zellen

Für die Studie wurden insgesamt 38 Patienten eingeschlossen.
Von 15 Patienten wurde eine Fluoreszenzfärbung mit dem HLA-A*0201-SLYNTVATL-APC-Pentamer durchgeführt (vgl. 4.2.17). Dieses Pentamer bindet den T-Zellrezeptor (TCR) von CD8+ T-Zellen, die spezifisch das, an HLA-A*0201 gebundene, Peptid SLYNTVATL (SL9 - Gag 77-85) erkennen. Die CD38 und PD-1 Expression wurde zum einen für SL9-spezifische CD8+ T-Zellen ermittelt, die mit Hilfe des SL9-Pentamers identifiziert wurden und zum anderen mit SL9-spezifischen CD8+ T-Zellen, die über eine intrazelluläre Färbung von IFN-γ identifiziert wurden, das nach Stimulation mit dem SL9-Peptid (vgl. 4.2.16) von diesen Zellen produziert wurde. Die so ermittelten Werte für die Expression von CD38 und PD-1 wurden miteinander verglichen.

Des Weiteren wurden 24 Individuen in zwei Gruppen unterteilt. Die Gruppe der Controller (C; n=12), definiert durch eine Viruslast <5.000 HIV-1 RNA-Kopien/ml Plasma und einer CD4+ T-Helferzellzahl >400 Zellen/µl peripheren Bluts und die Gruppe der Progressoren (P; n=12), definiert durch eine Viruslast >50.000 Kopien/ml Plasma und einer CD4+ T-Helferzellzahl <400 Zellen/µl (vgl. Tab. 2). Die CD38/PD-1 Ko-Expression auf HIV-spezifischen CD8+ T-Zellen dieser beiden Gruppen wurde untersucht. Acht Patienten wurden zusätzlich longitudinal untersucht.

Tabelle 2: Charakteristika der Studienteilnehmer. Blutwerte von 12 Controllern (C, definiert durch eine Viruslast <5.000 Kopien/ml Plasma und eine CD4 Zellzahl >400 Zellen/µl Blut) und 12 Progressoren (P, definiert durch eine Viruslast >50.000 Kopien/ml Plasma und eine CD4 T-Zellzahl <400 Zellen/µl Blut), die in die CD38/PD-1 Vergleichsstudie eingeschlossen wurden. Zudem die Daten weiterer 14 Patienten (I, deren Blutwerte nicht den Kriterien der Controller oder Progressoren entsprachen bzw. die nicht in die CD38/PD-1 Vergleichsstudie eingeschlossen wurden). Die verwendeten PBMC wurden in den Jahren 2006 - 2007 isoliert. Im Falle der acht Patienten der longitudinalen Studie sind die Werte des ersten untersuchten Zeitpunktes angegeben. Sowohl Viruslast als auch die CD4 T-Zellzahl wurden zum Zeitpunkt der jeweiligen Blutentnahme (BE) bestimmt.
nb – Wert nicht bekannt.

ID	Viruslast Kopien/ml	CD4 Zellzahl /µl	CD8 Zellzahl /µl	Jahr der BE	Jahr der HIV Diagnose	Vergleich Pentamer - Peptidstimulation	Longitudinale Studie
C 01	<50	1.032	483	2007	2007		
C 02	<50	670	nb	2007	nb		
C 03	103	547	1.300	2006	2005	X	
C 04	243	460	1.437	2006	1984		
C 05	498	477	860	2006	1999		
C 06	606	414	1.508	2006	1987	X	X
C 07	659	1.059	1.068	2007	2005		X
C 08	682	1.578	1.233	2006	2005		
C 09	1.500	475	973	2006	1985	X	
C 10	2.247	417	762	2006	2000		
C 11	2.835	473	258	2006	2004		
C 12	3.958	640	1.155	2007	2001		
I 01	4.096	592	1.016	2006	2004	X	
I 02	4.785	125	637	2006	1988	X	
I 03	6.997	452	1.829	2006	1997	X	
I 04	8.117	294	937	2006	2004		X
I 05	9.941	351	967	2006	1998	X	
I 06	14.637	910	1.738	2006	2005	X	
I 07	27.805	421	472	2006	1998	X	X
I 08	27.904	432	1.277	2006	2002		X
I 09	33.517	275	815	2007	2006	X	X
I 10	38.000	42	558	2006	2006	X	
I 11	40.025	510	1.946	2007	2005		X
I 12	57.779	419	1.381	2006	2004	X	
I 13	135.364	464	1.700	2006	2005		X
I 14	157.633	409	1.907	2007	2000		
P 01	57.519	372	848	2006	2006	X	
P 02	66.885	268	1.095	2007	2006		
P 03	68.277	251	388	2007	2002		
P 04	79.867	154	823	2006	1991		
P 05	97.109	300	1.161	2006	2005		
P 06	99.049	327	753	2007	1995		
P 07	113.164	326	2.628	2006	1996		
P 08	120.820	275	646	2006	2005	X	
P 09	151.857	221	593	2006	2002		
P 10	305.942	271	805	2007	2001		
P 11	>500.000	214	607	2006	2000		
P 12	>500.000	132	834	2006	1987		

Ergebnis

5.1.1 Vergleich der CD38- und PD-1-Expression von HIV-1 spezifischen CD8+ T-Zellen nach Pentamerfärbung und Peptidstimulation

Kennzeichen der chronischen HIV-1 Infektion ist eine starke T-Zellaktivierung, die über die Expression von CD38 gemessen werden kann [89]. Ferner konnte gezeigt werden, dass die Expression des inhibitorischen Rezeptors PD-1 bei Patienten mit fortschreitender HIV-Infektion ebenfalls signifikant erhöht ist [67, 68, 70].
Die Expression von CD38 und PD-1 wurde bislang nur in Einzelfällen und nur mit Hilfe von Tetramer-Komplexen untersucht, mit deren Hilfe HIV-spezifische CD8+ T-Zellen bestimmt wurden. Zur Identifizierung HIV-spezifischer CD8+ T-Zellen mittels Tetramer- bzw. Pentamerfärbung ist es notwendig sowohl das jeweilige optimale Epitop, als auch dessen HLA-Restriktion zu kennen, was die Zahl der Epitope, die mit Hilfe dieser Methode untersucht werden können, beträchtlich einschränkt. Damit die gesamte Breite der CD8+ T-Zellantworten abgedeckt werden kann, sollte in der vorliegenden Arbeit die Methode der Peptidstimulation (vgl. 4.2.16) Verwendung finden. Zur Validierung dieser Methode wurde die Expression der Oberflächenmoleküle CD38 und PD-1 von, sowohl mit dem HLA-A*0201-SLYNTVATL-Pentamer gefärbter, als auch mit SLYNTVATL (SL9)-Peptid stimulierter PBMC von 15 Individuen verglichen, deren CD8+ T-Zellen das HLA-A*0201 restringierte Peptid SL9 erkannten (vgl. Tab. 2). HIV-spezifische CD8 T-Zellen wurden anhand der Produktion von IFN-γ in Reaktion auf die Stimulation mit dem SLYNTVATL-Peptid identifiziert. Die Strategie zur Bestimmung der Zellpopulationen für die weitere Auswertung mit Hilfe der FACS-Analysen ist in Abbildung 7 A und B am Beispiel zweier Studienteilnehmer dargestellt.
Die CD38-Expression von HLA-A*0201-SLYNTVATL-Pentamer gefärbten und mit dem SL9-Peptid stimulierten PBMC zeigte eine signifikant positive Korrelation ($p=0,02$; $r^2=0,35$; Abb. 7C). Auch für die Expression von PD-1 konnte eine starke positive Korrelation zwischen SL9-Peptid stimulierter und HLA-A*0201-SLYNTVATL-Pentamer gefärbter PBMC beobachtet werden ($p=0,0007$; $r^2=0,60$; Abb. 7C).

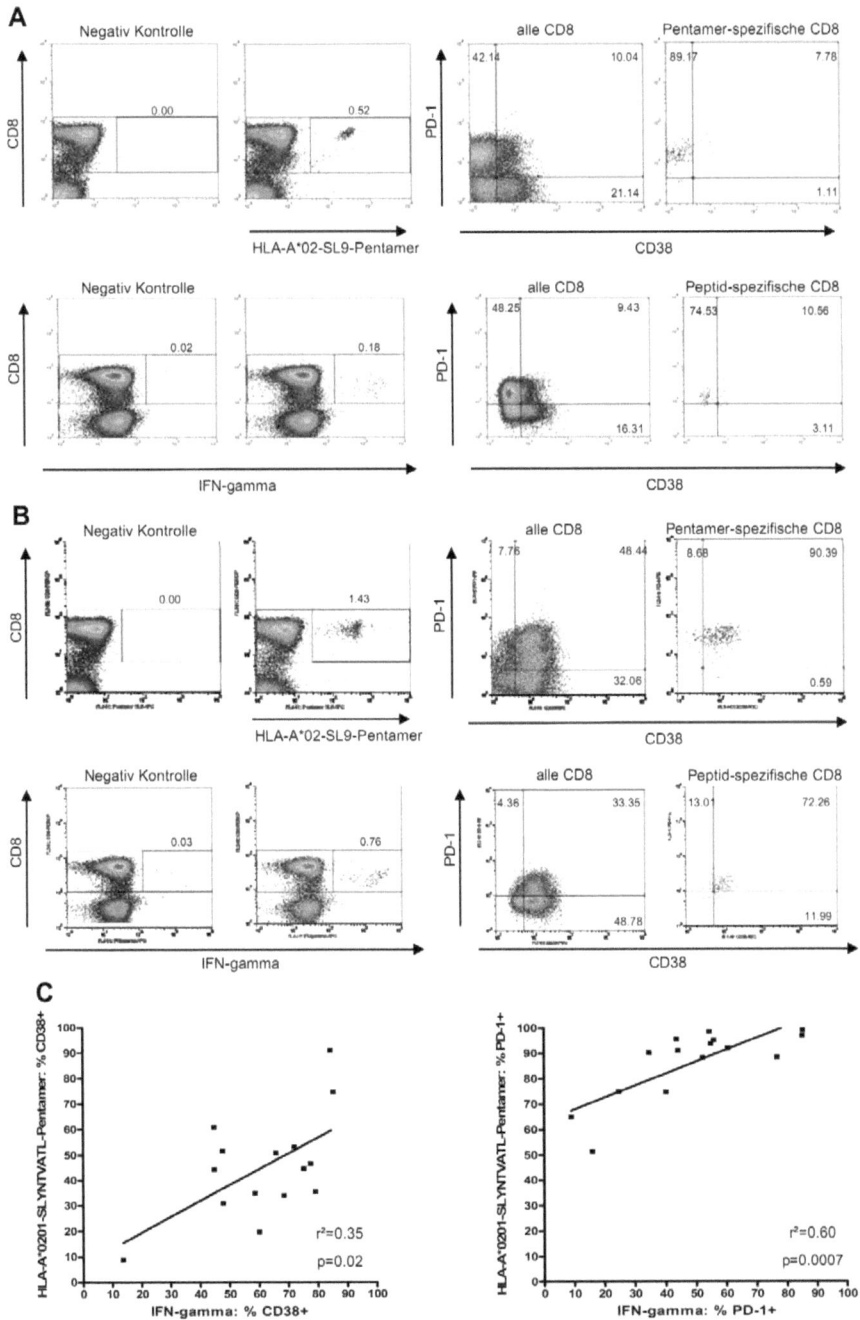

Ergebnis

Abbildung 7: Vergleich der CD38- und PD-1-Expression von HLA-A*0201-SLYNTVATL-Pentamer gefärbten und nach Stimulation mit dem SLYNTVATL-Peptid gefärbten spezifischen CD8+ T-Zellen. Die Identifikation der SLYNTVATL-spezifischen CD8+ T-Zellpopulationen erfolgte mit Hilfe einer Färbung von jeweils $1*10^6$ PBMC. Zum einen wurden mit einem HLA-A*0201-SLYNTVATL-Pentamer angefärbte CD8+ T-Zellen (obere Reihe) betrachtet, zum anderen IFN-γ produzierende CD8+ T-Zellen nach Stimulation mit dem SLYNTVATL-Peptid (untere Reihe; vgl. 4.2.18) von **(A)** Patient C09 und **(B)** Patient I10. Ermittelt wurde zunächst jeweils der prozentuale Anteil der SLYNTVATL-spezifischen CD8+ T-Zellen innerhalb der gesamten CD8+ T-Zellpopulation (linke Reihe). Die Expression von CD38 bzw. PD-1 wurde sowohl für die Gesamtheit aller CD8+ T-Zellen, als auch für die SLYNTVATL-spezifischen CD8+ T-Zellen untersucht (rechte Spalte). **(C)** Links: Vergleich der CD38 Expression von HLA-A*0201-SLYNTVATL-Pentamer gefärbten und der IFN-γ Produktion von CD8+ T-Zellen nach Stimulation mit dem SLYNTVATL-Peptid (p=0,02; r^2=0,35). Rechts: Vergleich der PD-1 Expression von HLA-A*0201-SLYNTVATL-Pentamer gefärbten und der IFN-γ Produktion von CD8+ T-Zellen nach Stimulation mit dem SLYNTVATL-Peptid (p=0,0007; r^2=0,60). Jeder Punkt steht für einen Patienten (n=15).

Die Stimulation mit dem SLYNTVATL-Peptid zeigte, im Vergleich zur Färbung mit Hilfe des HLA-A*0201-SLYNTVATL-Pentamers, keine Veränderung des Phänotyps der untersuchten CD8+ T-Zellen, so dass folglich beide Methoden zur Untersuchung der beiden Oberflächenmoleküle CD38 und PD-1 auf HIV-spezifischen CD8+ T-Zellen geeignet sind. Daher wurden die folgenden Experimente mittels Peptidstimulation und der intrazellulären Fluoreszenzfärbung des, von HIV-spezifischen CD8+ T-Zellen produzierten, IFN-γ durchgeführt.

5.1.2 Gleichzeitige Expression von CD38 und PD-1 auf HIV-spezifischen CD8+ T-Zellen in Patienten mit unkontrollierter Virämie

In einer Querschnittsstudie wurden 12 Controller und 12 Progressoren untersucht. Die Controller wiesen eine durchschnittliche Viruslast von 1.119 Kopien/ml (<50 - 3.958 Kopien/ml) und eine durchschnittliche CD4+ T-Helferzellzahl von 683 Zellen/µl (400 - 1.578 Zellen/µl) auf. Die Progressoren zeigten eine durchschnittliche Viruslast von 180.041 Kopien/ml (57.519 - >500.000 Kopien/ml) und eine durchschnittliche CD4+ T-Helferzellzahl von 259 Zellen/µl (132 – 372 Zellen/µl).

Diese 24 Patienten wurden mit Hilfe einer Elispot-Analyse auf IFN-γ Produktion HIV-spezifischer CD8+ T-Zellantworten gegenüber den Proteinen Gag, Nef und Pol untersucht. Mit den auf diese Weise ermittelten Peptiden wurden PBMC der jeweiligen Patienten stimuliert, CD38, PD-1 und das intrazellulär produzierte IFN-γ angefärbt. Bei Patienten mit mehreren HIV-spezifischen CD8+ T-Zellantworten wurden, für die statistische Auswertung und die graphische Darstellung, die Durchschnittswerte der jeweiligen Einzelantworten verwendet und der jeweilige Patient als ein einzelner Datenpunkt dargestellt.

Wie bereits beschrieben zeigte die Expression von CD38 auf HIV-spezifischen CD8+ T-Zellen von Controllern und Progressoren einen hoch signifikanten Unterschied ($p<0,0001$; Abb. 8A). Selbst Controller mit einer geringen Viruslast wiesen einen Minimalwert von 25% CD38+ HIV-spezifischen CD8+ T-Zellen auf. Der Unterschied bei der Expression von PD-1 auf HIV-spezifischen CD8+ T-Zellen zwischen Controllern und Progressoren erreichte mit einem Wert von $p=0,04$ ebenfalls Signifikanz (Abb. 8B). Für CD8+ T-Zellen, die ausschließlich CD38 exprimierten (CD38+/PD-1-) zeigten sich keine Unterschiede zwischen Controllern und Progressoren ($p=0,66$; Abb. 8C). Bei CD8+ T-Zellen hingegen, die ausschließlich PD-1 exprimierten, zeigten Controller einen signifikant höheren Anteil (CD38-/PD-1+) im Vergleich zu den Progressoren ($p=0,01$; Abb. 8D).

Ergebnis

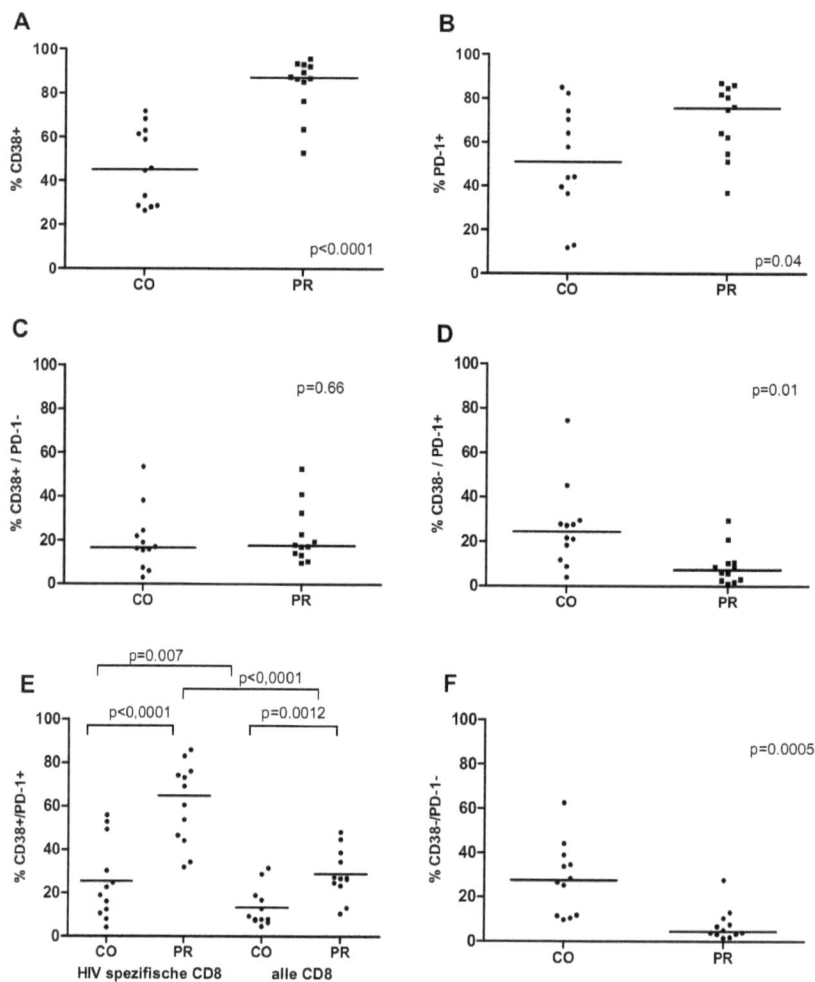

Abbildung 8: Vergleich der Expression von CD38 und PD-1 auf HIV-spezifischen CD8+ T-Zellen von Controllern (CO) und Progressoren (PR). Jeder Punkt in den Abbildungen entspricht einem einzelnen Patienten und, im Falle mehrerer HIV-spezifischer CD8+ T-Zellantworten innerhalb eines Individuums, dem Durchschnitt aller HIV-spezifischen CD8+ T-Zellantworten. **(A)** CD38-Expression auf HIV-spezifischen CD8+ T-Zellen (p=0,0001) und **(B)** PD-1 Expression auf HIV-spezifischen CD8+ T-Zellen (p=0,04). **(C)** HIV-spezifische CD8+ T-Zellen die ausschließlich CD38 (p=0,66) und **(D)** die ausschließlich PD-1 exprimieren (p=0,01). **(E)** Vergleich CD38/PD-1 doppelt positiver HIV-spezifischer CD8+ T-Zellen (p<0,0001) und der Gesamtheit der CD8+ T-Zellen (p=0,0012) von Controllern und Progressoren. Vergleich der CD38/PD-1-Ko-Expression von CD8+ T-Zellen und der Gesamtheit der CD8+ T-Zellen bei Controllern (p=0,007) und Progressoren (p<0,0001). **(F)** Unterschied CD38/PD-1 doppelt negativer HIV-spezifischer CD8+ T-Zellen (p=0,0005).

Verglichen mit den HIV-spezifischen CD8+ T-Zellen von Progressoren zeigten Controller eine hoch signifikant geringere Ko-Expression von CD38 und PD-1 (p<0,0001; Abb. 8E). Dies konnte ebenso für die Gesamtheit aller CD8+ T-Zellen beobachtet werden, wenn auch mit einer weniger hohen Signifikanz (p=0,0012; Abb. 8E). Die Ko-Expression von CD38/PD-1 von HIV-spezifischen CD8+ T-Zellen war im Vergleich zu der Gesamtheit aller CD8+ T-Zellen in beiden Gruppen signifikant erhöht (p=0,007 bzw. p<0,0001; Abb. 8E). CD8+ T-Zellen die weder CD38, noch PD-1 exprimieren (CD38-/PD-1-), waren in der Gruppe der Progressoren kaum zu finden und im Vergleich zu den Controllern signifikant erniedrigt (p=0,0005; Abb. 8F).

Die Zellpopulation, die eine deutliche Korrelation mit dem Krankheitsstatus zeigte, war die der CD38/PD-1 doppelt positiven HIV-spezifischen CD8+ T-Zellen. Der Auswertung dieses Phänotyps wurden sechs Patienten aus dem longitudinalen Teil dieser Arbeit, die aufgrund ihrer intermediären Viruslast und CD4+ T-Zellzahl weder der Gruppe der Controller noch der der Progressoren zugeordnet werden konnten, hinzugefügt (I04, I07, I08, I09, I11 und I13; vgl. Tab. 2). CD38/PD-1 doppelt positive HIV-spezifische CD8+ T-Zellen zeigten eine positive Korrelation mit dem klinischen Marker Viruslast (p<0,0001, r^2=0,45; Abb. 9A) und eine inverse Korrelation mit der CD4+ T-Zellzahl (p=0,0013, r^2=0,31; Abb. 9B).

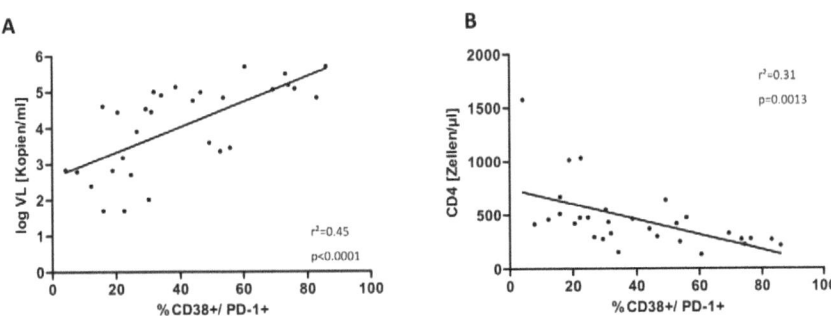

Abbildung 9: Korrelation der CD38/PD-1-Ko-Expression auf HIV-spezifischen CD8+ T-Zellen. (A) Hoch signifikant positive Korrelation der CD38/PD-1 Expression mit dem klinischen Marker Viruslast (VL; p<0,0001; r^2=0,45) und (B) inverse Korrelation der CD38/PD-1 Expression mit der CD4+ T-Zellzahl (p=0,0013; r^2=0,31) der Studienteilnehmer, inklusive sechs weiteren Individuen des longitudinalen Teils der Studie (vgl. Tabelle 2), deren Viruslast und CD4+ T-Zellzahl nicht den Kriterien von Controllern oder Progressoren entsprachen.

Die untersuchten HIV-spezifischen CD8+ T-Zellen während der chronischen, unbehandelten Infektion, exprimierten folglich, zeitgleich sowohl positive als auch negative Signale und dieser Phänotyp korrelierte signifikant mit dem Krankheitsstatus.

5.1.3 Der CD38/PD-1 Phänotyp der CD8+ T-Zellantwort ist unabhängig vom Epitop

Basierend auf dem deutlichen Unterschied bei der CD38/PD-1-Ko-Expression auf HIV-spezifischen CD8+ T-Zellen zwischen Controllern und Progressoren stellte sich die Frage, ob dieser Phänotyp einer bestimmten CD8+ T-Zellspezifität zugeordnet werden kann. Dank der Verwendung überlappender Peptide war es möglich, für die meisten Patienten HIV-spezifische CD8+ T-Zellantworten unterschiedlicher Spezifitäten zu untersuchen. Der Vergleich mehrerer CD8+ T-Zellantworten innerhalb eines Individuums zeigte, dass die CD38/PD-1-Ko-Expression aller Spezifitäten auf einem vergleichbaren Niveau lag (Abb. 10A). Eine Ausnahme bildete eine HIV-spezifische CD8+ T-Zellantwort bei Patient I09 (33.517), die in Abbildung 10A mit einem roten Stern gekennzeichnet ist. Die Analyse des autologen Virus dieses Patienten zeigte das Vorhandensein einer Fluchtmutation, auf die im Folgenden noch genauer eingegangen wird.

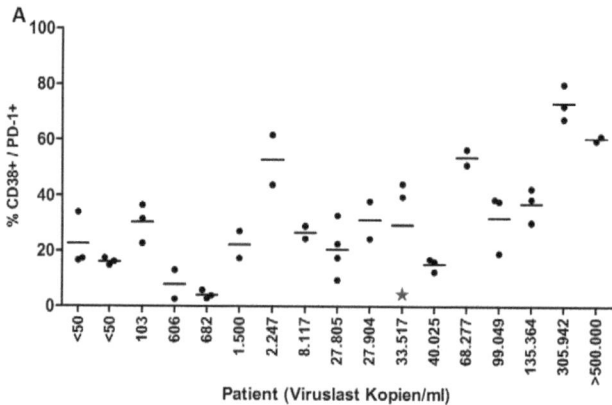

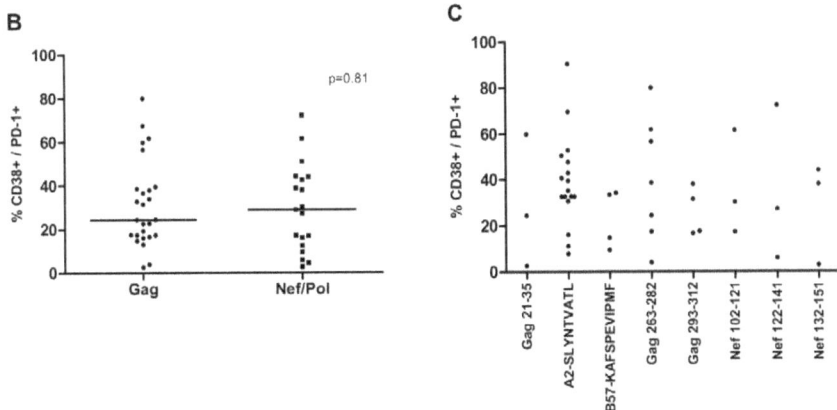

Abbildung 10: Der CD38/PD-1 Phänotyp einzelner CD8+ T-Zellantworten. Jeder Punkt entspricht einer einzelnen HIV-spezifischen CD8+ T-Zellantwort der jeweiligen Patienten. HIV-1 spezifische CD8 T-Zellen wurden anhand der IFN-γ Produktion identifiziert. **(A)** Die CD38/PD-1-Ko-Expression unterschiedlicher HIV-spezifischer CD8+ T-Zellantworten innerhalb eines Individuums (auf der x-Achse ist, geordnet nach der Höhe, die individuelle Viruslast der verschiedenen Patienten angegeben). Der Stern bei Viruslast 33.517 von Patient I09 markiert eine CD8+ Zellantwort, bei der eine virale Fluchtmutation im autologen Virus vorlag (vgl. auch Tab. 3, Abb. 12 und 13). **(B)** Vergleich der CD38/PD-1-Ko-Expression auf Gag-spezifischen und Nef-/Pol-spezifischen CD8+ T-Zellantworten der untersuchten Patienten (p=0,81). **(C)** CD38/PD-1-Ko-Expression einiger spezifischer CD8+ T-Zellantworten auf Peptide bzw. zwei optimale Epitope, die von mehreren verschiedenen Individuen erkannt wurden.

Immer mehr Hinweise deuten darauf hin, dass CD8+ T-Zellantworten gegen das Gag-Protein potenter in der Kontrolle von HIV sind, als CD8+ T-Zellen, die gegen andere virale Proteine gerichtet sind [90, 91]. Aus diesem Grund wurde in der vorliegenden Arbeit auch untersucht, ob CD8+ T-Zellen, die gegen das Gag-Protein gerichtet sind, einen anderen Phänotyp haben. Für die CD38/PD-1-Ko-Expression konnte jedoch kein Unterschied zwischen CD8+ T-Zellen, die gegen Gag gerichtet sind und CD8+ T-Zellen, die gegen die beiden Proteine Pol oder Nef gerichtet sind, gefunden werden (p=0,81; Abb. 10B).

Ebenso wurde das gleiche Epitope in unterschiedlichen Patienten untersucht. Die Ko-Expression von CD38 und PD-1 zeigte in den verschiedenen Individuen für die einzelnen Peptide ein sehr unterschiedliches Niveau (Abb. 10C).

Zusammengenommen zeigen diese Ergebnisse, dass die Höhe der CD38/PD-1-Ko-Expression von HIV-spezifischen CD8+ T-Zellen unabhängig vom jeweiligen Peptid, jedoch charakteristisch für den einzelnen Patienten und dessen Krankheitsstatus war.

5.1.4 Starker Abfall der CD38- und PD-1-Ko-Expression nach Antigensuppression

Ob es sich bei der CD38/PD-1-Ko-Expression um einen sekundären Effekt der Virämie handelt oder aber, wie kürzlich angeregt, die Voraussetzung für eine Krankheitsprogression darstellt [92], wurde anhand von acht Patienten longitudinal untersucht. Die durchschnittliche Verlaufsdauer lag bei 21 Monaten (14-27 Monate). Die Patienten waren über die gesamte Studiendauer Therapie naiv, vier dieser Patienten wurden zusätzlich, nachdem sie mit einer antiretroviralen Therapie beginnen mussten, weiterhin verfolgt.

Die Suppression des Antigens durch eine antiretrovirale Therapie führte zu einem schnellen, signifikanten Absinken der CD38/PD-1-Ko-Expression auf HIV-spezifischen CD8+ T-Zellen (p=0,004; Abb. 11A). Wie erwartet wurde eine geringere CD38/PD-1-Ko-Expression auf allen HIV-spezifischen CD8+ T-Zellen innerhalb eines Individuums beobachtet (Abb. 11B).

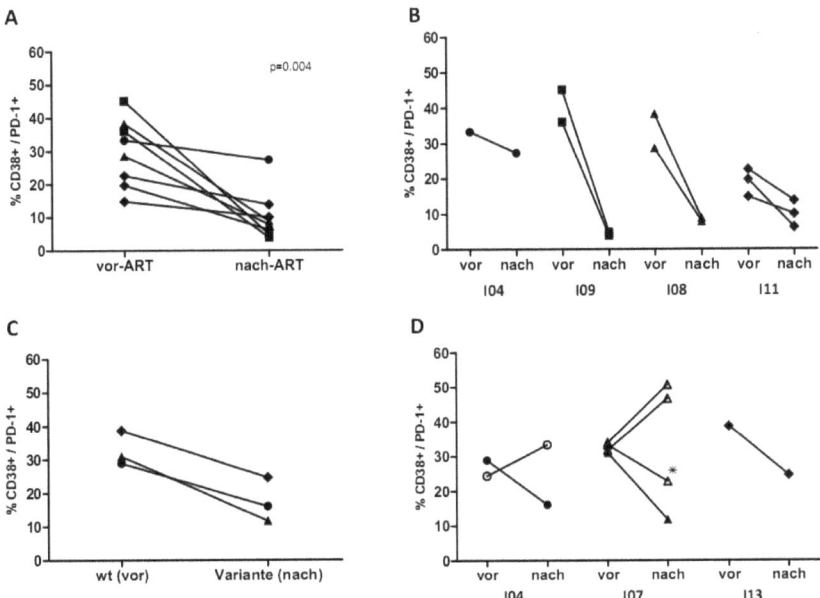

Abbildung 11: CD38/PD-1-Ko-Expression auf HIV-spezifischen CD8+ T-Zellen einzelner Patienten vor und nach Suppression des Antigens. (A) Vor und drei Monate nach Beginn einer antiretroviralen Therapie (ART) für die unterschiedlichen HIV-spezifischen CD8+ T-Zellantworten von vier Patienten (p=0,004). (B) Die unterschiedlichen HIV-spezifischen CD8+ T-Zellantworten innerhalb der jeweiligen Individuen vor und drei Monate nach Beginn einer ART. (C) HIV-spezifischen CD8+ T-Zellantworten von drei Individuen vor und nach Entwicklung von viralen Varianten durch virale Fluchtmutationen in dem jeweiligen CD8+ T-Zellepitop, verglichen mit dem Wildtyp (wt). (D) Vor und nach Entwicklung von viralen Varianten durch virale Fluchtmutationen innerhalb der einzelnen Patienten. Gefüllte Symbole zeigen die individuellen HIV-spezifischen CD8+ T-Zellantworten mit Fluchtmutationen, die nicht ausgefüllten Symbole zeigen die übrigen HIV-spezifischen CD8+ T-Zellantworten der jeweiligen Patienten.
* Die CD38/PD-1-Ko-Expression einer CD8+ T-Zellantwort (Gag 77-85) von Patient I07 verringerte sich ohne den Nachweis einer Fluchtmutation in dem entsprechenden CD8 T-Zell Epitop (vgl. Tab. 3 und Abb. 13).

Eine Möglichkeit für das HI-Virus einer spezifischen Immunantwort zu entgehen, sind Fluchtmutationen innerhalb des betreffenden Epitops. Aus diesem Grund wurden die Bereiche des autologen Virus, in denen die CD8+ T-Zellepitope der untersuchten Patienten lagen, von allen acht Patienten sequenziert und auf das Vorhandensein von möglichen Fluchtmutationen mit Hilfe von Peptidtitrationen und Elispot überprüft (vgl. Tab. 3 und Abb. 13).

Ergebnis

Tabelle 3: Sequenzdaten aller CD8+ T-Zellantworten der acht longitudinal untersuchten Patienten. Die jeweils oberste Reihe zeigt die Konsensussequenz von HIV-1 Subtyp B von 2001, die mittlere Reihe zeigt die Sequenz des autologen Virus zum ersten untersuchten Zeitpunkt und die untere Reihe zeigt die Sequenz des autologen Virus des jeweils zweiten untersuchten Zeitpunktes. Aminosäureveränderungen wurden mit Hilfe von Titrationen der mutierten Peptide auf Fluchtmutationen untersucht. Vom Vorliegen einer Fluchtmutation wurde ausgegangen, wenn eine Änderung der AS-Sequenz dazu führte, dass ein Peptid schlechter von den CD8+ T-Zellen des jeweiligen Patienten erkannt wurde, als die Konsensussequenz (vgl. Abb. 13).

ID	Position in der Konsensus-sequenz 2001	Autologe Sequenzen ohne Fluchtmutation	Tage zwischen den Zeitpunkten	Position In der Konsensus-sequenz 2001	Autologe Sequenzen mit nachgewiesener Fluchtmutation
I04	Gag 21-35	LRPGGKKKYKLKHIV -------R------- -----R-------L-	659	Pol 702-717	QVDKLVSAGIRKVLFL ---------------- ------------I---
I09	SLYNTVATL (Gag 77-85)	SLYNTVATL --F------ --F------	238	Pol 827-844	TIHTDNGSNFTSTTVKAA V------G----GA---- V------G----GA----
	Pol 226-244	WRKLVDFRELNKRTQDFW ------------------ ------------------	238		
I11	SLYNTVATL (Gag 76-85)	SLYNTVATL -----I--- -----I---	428		
	Pol 306-324	QGWKGSPAIFQSSMTKIL -----------A------ -----------A------	428		
	Pol 395-412	TVQPIVLPEKDSWTVNDI -----Q------------ ---H-Q-----I------	428		
C07	Gag 253-272	NPPIPVGEIYKRWIILGLNK ----------------M---- ----------------M----	403		
C06	SLYNTVATL (Gag 77-85)	SLYNTVATL -----I--- ---------	280		
	Gag 21-35	LRPGGKKKYKLKHIV ---------R----- ---------R-----	280		
	KAFSPEVIPMF (Gag 162-172)	KAFSPEVIPMF ----------- -----------	280		
I08	Gag 263-282	KRWIILGLNKIVRMYSPTSI ----------------V-- ----------------V--	434		
	Gag 293-312	FRDYVDRFYKTLRAEQASQE --------F--------T-- --------F--------T--	434		
I07	SLYNTVATL (Gag 77-85)	SLYNTVATL -----I--- --F--I---	719	Gag 293-312	FRDYVDRFYKTLRAEQASQE -------------------- ------Q-------------
	Gag 193-212	GHQAAMQMLKETINEEAAEW -------------------- --------------------	719		
	Nef 92-111	KEKGGLEGLIHSQRRQDILDL --------------------- ---------------------	719		
I13			462	Pol 272-287	SVPLDKDFRKYTAFTI ---------------- -----E----------

Bei drei CD8+ T-Zellantworten entwickelte sich im Verlauf dieser Studie eine Fluchtmutation. Bestätigt wurden die jeweiligen Fluchtmutationen mit Hilfe von Titrationen der jeweiligen Peptide und einer Elispot-Analyse (vgl. Abb. 13). Die CD38/PD-1-Ko-Expression nahm im Falle der drei CD8+ T-Zellantworten, für die eine Entstehung von Fluchtmutationen gezeigt werden konnte, deutlich ab (vgl. Abb. 11C). Im Gegensatz zu einer antiretroviralen Therapie, betraf die Antigensuppression jedoch nur die CD8+ T-Zellantwort des jeweiligen Epitops. Dies führte zu einer Ko-Existenz von CD8+ T-Zellen mit einer hohen Expression von CD38/PD-1 und CD8+ T-Zellen mit einer geringen CD38/PD-1 Expression innerhalb eines Individuums (vgl. Abb. 11D).

Der Patient I09 zeigte, trotz einer hohen Viruslast, bereits zum ersten untersuchten Zeitpunkt eine CD8+ T-Zellantwort (Pol 827-844) mit einer geringen CD38/PD-1 Ko-Expression. Die Sequenzanalyse des autologen Virus zeigte sowohl zum ersten, als auch zum zweiten untersuchten Zeitpunkt, im Vergleich zu dem verwendeten Testpeptid, vier veränderte Aminosäuren (vgl. Tab. 3 und Abb. 12).

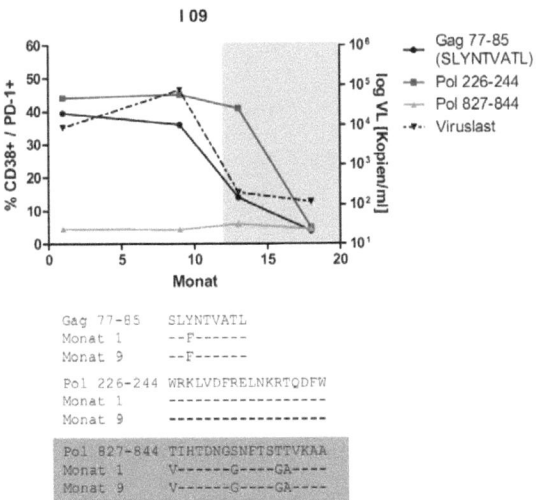

Abbildung 12: Verlauf der CD38/PD-1 Ko-Expression dreier HIV-spezifischer CD8+ T-Zellantworten von Patient I09 über 18 Monate und die Sequenzen der autologen Viruspopulation. Der unterlegte Bereich in der Abbildung zeigt den Zeitraum nach Beginn einer antiretroviralen Therapie an, die unterlegten Sequenzen zeigen das Vorhandensein einer Fluchtmutation bei der CD8+ T-Zellantwort gegen das Peptid Pol 827-844 bereits zu Beginn der Untersuchung (vgl. auch Tab. 3, Abb. 10 und Abb. 13).

Ergebnis

Titrationen der Peptide Pol 827-844 zeigte, dass das autologe Peptid um mehr als zwei log Stufen der Peptidkonzentration schlechter erkannt wurde als das, auf der Wildtyp-Sequenz (Subtyp B von 2001) basierende Testpeptid (vgl. Abb. 13). Das betroffene Epitop scheint also bereits vor dem ersten untersuchten Zeitpunkt Fluchtmutationen entwickelt zu haben, was auch den Unterschied der CD38/PD-1-Ko-Expression dieser CD8+ T-Zellantwort gegenüber den übrigen CD8+ T-Zellantworten des Patienten I09 erklären könnte (vgl. Abb. 10A:*).

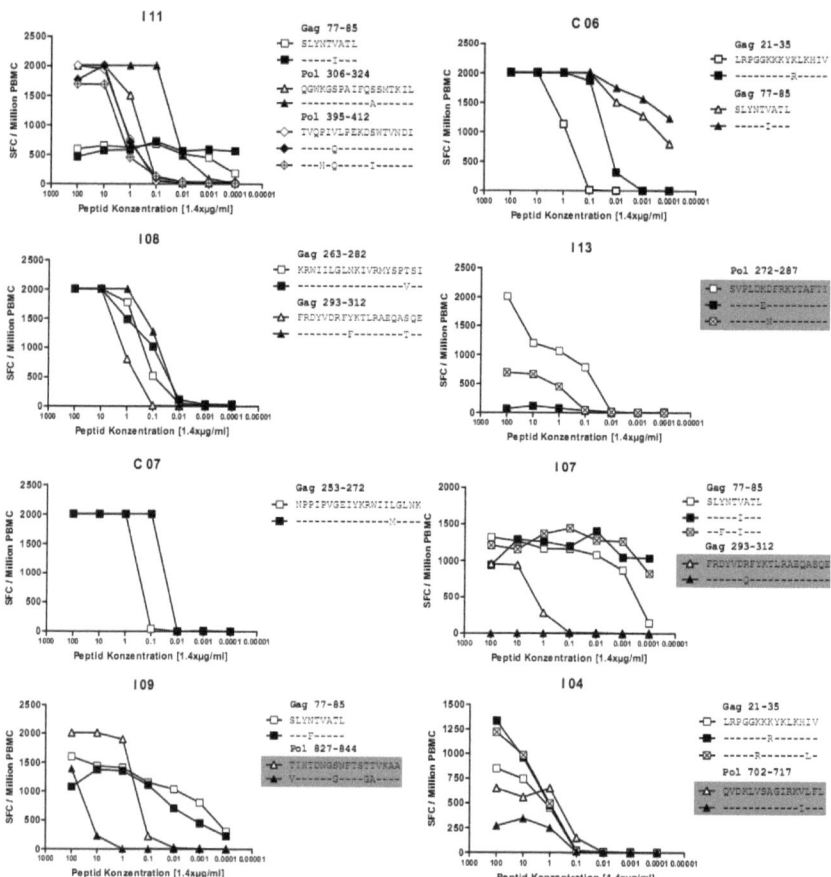

Abbildung 13: Vergleich der Erkennung des wt-Peptids und des mutierten Peptids nach der Sequenz des autologen Virus der einzelnen Patienten. Die jeweils erste Zeile der Legende zeigt die Sequenz des wt-Peptids, die zweite Zeile die Veränderungen in der Sequenz des autologen Virus. Die Peptide aus Tabelle 3 wurden logarithmisch verdünnt. Die Erkennung der jeweiligen Peptide durch die PBMC der einzelnen Patienten wurde mit Hilfe der INF-γ Produktion und Elispot-Analyse untersucht. Grau unterlegt sind die Sequenzen der jeweiligen Patienten, die virale Fluchtmutationen enthalten. SFC – spot forming cells.

Die longitudinal erhobenen Daten zeigen deutlich, dass die Entfernung des Antigens, sei es durch die Entwicklung von Fluchtmutationen oder durch den Beginn einer antiretroviralen Therapie, zu einer Absenkung der CD38/PD-1-Ko-Expression auf HIV-spezifischen CD8+ T-Zellen führt.

5.1.5 Mit einem Anstieg der Viruslast geht ein signifikanter Anstieg der CD38/PD-1-Ko-Expression einher oder geht diesem sogar voraus

Nun stellte sich die Frage, was mit der CD38/PD-1-Ko-Expression im weiteren Verlauf passiert, wenn das Antigen persistiert oder sogar zunimmt.
Vier Patienten hatten eine annähernd gleich bleibende Viruslast, die innerhalb eines Bereiches von ≤0,7 log Stufen schwankte (vgl. Abb. 14A). In dieser Situation blieben die HIV-spezifischen CD8+ T-Zellen mit einer CD38/PD-1-Ko-Expression innerhalb eines Rahmens von ±20% stabil (p=0,24). Eine Ausnahme stellte Patient I13 dar, dessen einzige CD8+ T-Zellantwort gegen das Peptid Pol 272-287, die über den Zeitraum der Studie verfolgt werden konnte, eine Fluchtmutation entwickelt hatte.
Die anderen vier Patienten zeigten einen Anstieg der Viruslast um ≥1 log Stufe. HIV-spezifische CD8+ T-Zellantworten, die bei diesen Patienten keine Entwicklung von Fluchtmutationen erfahren hatten, ließen einen Anstieg der CD38/PD-1-Ko-Expression von 40-130% erkennen (vgl. Abb. 14B).
Mit Patient I07, gab es eine Ausnahme von dieser Beobachtung. Die CD38/PD-1-Ko-Expression der CD8+ T-Zellantwort gegen das HLA-A*0201-SLYNTVATL-Epitop ging zurück, obwohl die Viruslast einen Anstieg von 1,4 log Stufen aufwies (vgl. Abb. 11D, 14B und 14C). Die Analyse der autologen Virussequenz ergab zwar, dass ein Austausch von zwei Aminosäuren zum zweiten untersuchten Zeitpunkt stattgefunden hatte (vgl. Tab. 3), eine Elispot-Analyse von Titrationen ergab jedoch, dass das veränderte autologe Peptid sogar besser von den CD8+ T-Zellen des Patienten erkannt wurde als das Wildtyp-SLYNTVATL-Epitop (vgl. Abb. 13). Die Entwicklung einer Fluchtmutation im Epitop war folglich keine Erklärung für den Rückgang der CD38/PD-1-Ko-Expression bei dieser CD8+ T-Zellantwort.

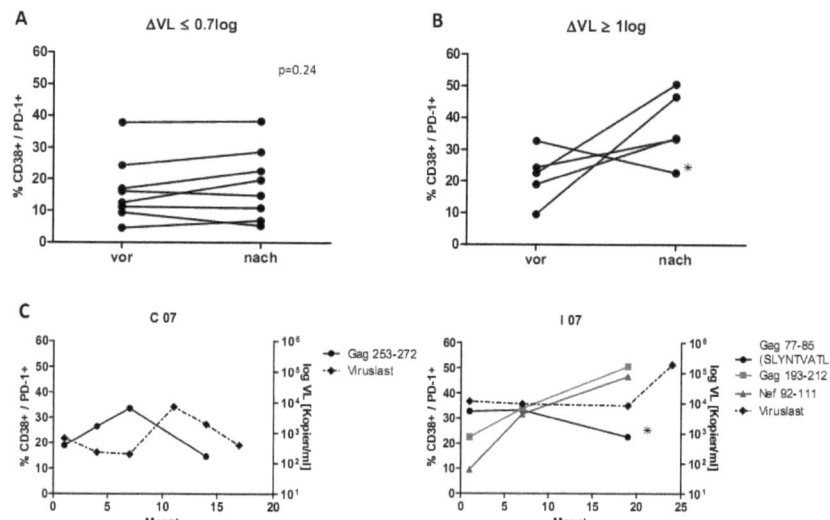

Abbildung 14: Longitudinale Untersuchung der CD38/PD-1-Ko-Expression von HIV-spezifischen CD8+ T-Zellen mit persistierendem Antigen. Untersucht wurden jeweils zwei Zeitpunkte. **(A)** CD8+ T-Zellantworten von vier Patienten mit einer konstanten Viruslast (Änderungen der Viruslast <0,7 log Stufen; p=0,24). **(B)** Vier Patienten mit ansteigender Viruslast (Änderung der Viruslast ≥1 log Stufe). In (A) und (B) flossen nur CD8+ T-Zellantworten ein, die keine Fluchtmutation entwickelt hatten. **(C)** Zwei der longitudinal untersuchten Patienten, deren Viruslast einen starken Anstieg ≥1 log Stufe aufwiesen, zeigten einen deutlichen Anstieg der CD38/PD-1-Ko-Expression 3-5 Monate vor Ansteigen der Viruslast.
* Bei der CD8+ T-Zellantwort gegenüber dem Peptid Gag 77-85 von Patient I07 ging die CD38/PD-1-Ko-Expression zurück, ohne nachweisbare Entwicklung einer Fluchtmutation im Epitop (vgl. Tab. 3 und Abb. 13).

Eine mögliche Erklärung hierfür könnte ein viraler Fluchtmechanismus sein, der durch eine Mutationen außerhalb des Epitops dessen Prozessierung verhindert.

Bei zwei Patienten, C07 und I07, war ein Anstieg der CD38/PD-1-Ko-Expression etwa 3-5 Monate vor einem ansteigen der Viruslast zu beobachten (vgl. Abb. 14C). Bei Patient C07 ist sowohl ein Ansteigen, als auch ein Absinken der CD38/PD-1-Ko-Expression vor einer entsprechenden Änderung der Viruslast deutlich zu erkennen. Auch bei I07 ist für zwei der drei vorhandenen CD8+ T-Zellantworten eine Zunahme der Ko-Expression vor einem Anstieg der Viruslast zu erkennen.

Eine konstante Viruslast geht mit einem stabilen Niveau der CD38/PD-1-Ko-Expression einher, während ein starker Anstieg der Viruslast auch einen Anstieg der CD38/PD-1-Ko-Expression auf HIV-spezifischen CD8+ T-Zellen erkennen lässt. In manchen Fällen geht der Anstieg der CD38/PD-1-Ko-Expression sogar dem der Viruslast voraus.

5.2 Die Kontrolle von M184V HIV-1 Mutanten durch CD8+ T-Zellantworten

5.2.1 Nachweis von CD8+ T-Zellantworten gegen Regionen der wichtigsten Medikamentenresistenzmutationen

Eine breite CD8+ T-Zellantwort gegenüber Pol wurde bereits beschrieben [40] und ist, sogar bei fortschreitender HIV-1 Infektion, in bis zu 92% therapienaiver Patienten zu finden [44]. Dies konnte in der vorliegenden Arbeit bestätigt werden.

Mit Hilfe der IFN-γ Elispot-Analyse wurden 109 Patienten auf CD8+ T-Zellantworten gegen das gesamte Pol-Protein von HIV-1 untersucht. 74 Patienten waren therapienaiv, mit einer durchschnittlichen Viruslast von 34.976 Kopien/ml (<50 – 260.000 Kopien/ml) und einer durchschnittlichen CD4+ T-Helferzellzahl von 457 Zellen/µl (14 – 1.500 Zellen/µl) peripheren Bluts. Desweiteren wurden 35 Patienten, deren Ersttherapie bereits versagt hatte, eingeschlossen. Diese Gruppe hatte eine durchschnittliche Viruslast von 72.303 Kopien/ml (<40 – >500.000 Kopien/ml) und eine durchschnittliche CD4+ T-Zellzahl von 264 Zellen/µl peripheren Blutes (8 – 824 Zellen/µl).

Der IFN-γ Elispot zeigte CD8+ T-Zellantworten gegenüber allen Regionen, die Medikamentenresistenzen in Pol beinhalteten (vgl. Abb. 15). 72 der 74 (97%) therapienaiven Patienten zeigten CD8+ T-Zellantworten auf die Pol Untereinheiten Protease, Reverse-Transkriptase (RT) und Integrase. Auch bei der Gruppe mit versagendem Therapieregime fand sich bei 33 von 35 Patienten (94%) zumindest eine CD8+ T-Zellantwort im IFN-γ Elispot.

Wir konnten zeigen, dass CD8+ T-Zellantworten im Bereich der wichtigsten Medikamentenresistenzmutationen sowohl bei den therapienaiven Patentien, als auch bei den Therapieversagern häufig zu finden waren.

42 der 109 untersuchten Patienten (38,5%) zeigten eine CD8+ T-Zellantwort auf das verwendete 18 mer-Peptid (RKQNPDIVIYQY**M**DDLYV), das die Region, der M184V Lamivudin/Emtricitabin (3TC/FTC) Resistenzmutation beinhaltet.

A

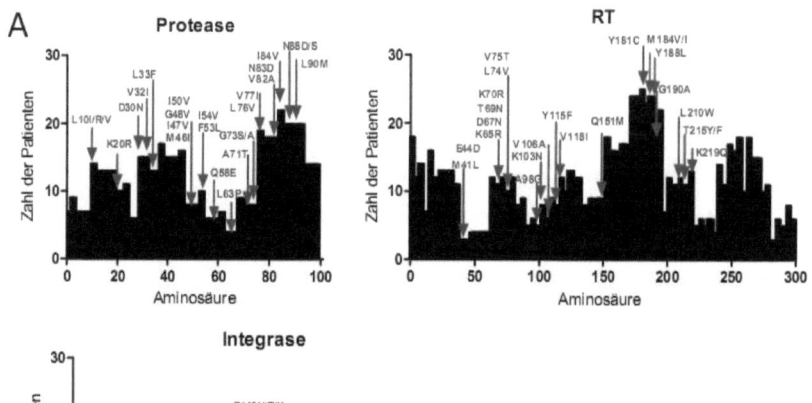

B

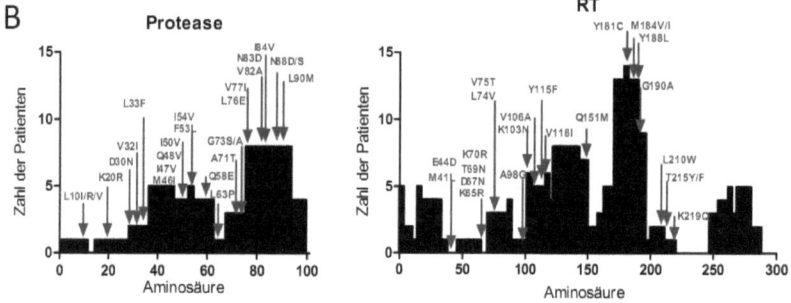

Abbildung 15: CD8+ T-Zellantwortengegenüber überlappenden Pol-Peptiden aus Protease, Reverse-Transkriptase (RT) und Integrase. Gemessen wurden die CD8+ T-Zellantworten auf überlappende Peptide anhand der IFN-γ Produktion im Elispot **(A)** von 74 therapienaiven Patienten und **(B)** von 35 Patienten mit Therapieversagen. Auf der x-Achse sind die einzelnen Aminosäurepositionen von Protease, RT und Integrase aufgetragen. Auf der y-Achse ist die Anzahl der Patienten zu sehen, deren CD8+ T-Zellantworten die jeweilige Aminosäureposition beinhalteten. Wichtige Medikamentenresistenzmutationen und deren Position im jeweiligen Protein sind mit Pfeilen gekennzeichnet.

Der Fokus wurde aus mehreren Gründen auf die M184V-Medikamentenresistenzmutation gelegt. Zum einen ist die M184V-Resistenzmutation das Ergebnis einer einzigen Basensubstitution, von ATG (**M**ethionin) -> GTG (**V**alin) und vermittelt eine vollständige Resistenz gegen die beiden Wirkstoffe Lamivudin und Emtricitabin. Des weiteren sind die beiden Medikamente Lamivudin und Emtricitabin Bestandteil von etwa 99% aller Ersttherapieregime in 56 Entwicklungsländern [93] und stellt wie bereits beschrieben die wohl häufigste Resistenzmutation dar [94-96].

5.2.2 Identifizierung neuer CD8+ T-Zellepitope

Ein bereits beschriebenes Epitop, das HLA-A*02 restringierte Nonamer RT179-187 VIYQY**M**DDL (VL9) [97], das die Position der M184V-Mutation beinhaltet, wurde nur von zwei der hier untersuchten Patienten im IFN-γ Elispot erkannt. Des Weiteren stellte die M184V-Mutation innerhalb dieses Epitops eine Fluchtmutation dar. Ein weiteres HLA-A*0201 restringiertes Epitop, RT181-189 YQYMDDLYV (YV9) wurde mit Hilfe eines Algorithmus bereits vorhergesagt [98]. Das optimale Epitop, das von den CD8+ T-Zellen der, in dieser Studie untersuchten Patienten erkannt wurde, wurde unter Zuhilfenahme von synthetischen Peptiden unterschiedlicher Länge bestimmt. Die HLA-Restriktion der so bestimmten Epitope wurde mit Hilfe von allogenen, immortalisierten B-LCL, die mit dem entsprechenden Peptid beladen wurden, anhand der IFN-γ Produktion in Ko-Kultur mit den CD8+ T-Zellen der Patienten bestimmt. Auf diese Weise konnte das YV9 (YQY**M**DDLYV) Nonamer als das optimale Epitop und dessen HLA-A*0201 Restriktion für 26 Patienten experimentell bestätigt werden.

Ergebnis

Die CD8+ T-Zellen von therapienaiven Patienten erkannten das von HLA-A*0201 präsentierte Epitop YV9 besser als die mutierte YV9-4V (YQY**V**DDLYV) Variante (vgl. Abb. 16A), wohingegen das optimale Epitop von Patienten mit versagendem Therapieregime deutlich die Variante YV9-4V war und das YV9-Epitop von den CD8+ T-Zellen dieser Patienten schlechter erkannt wurde (vgl. Abb. 16B).

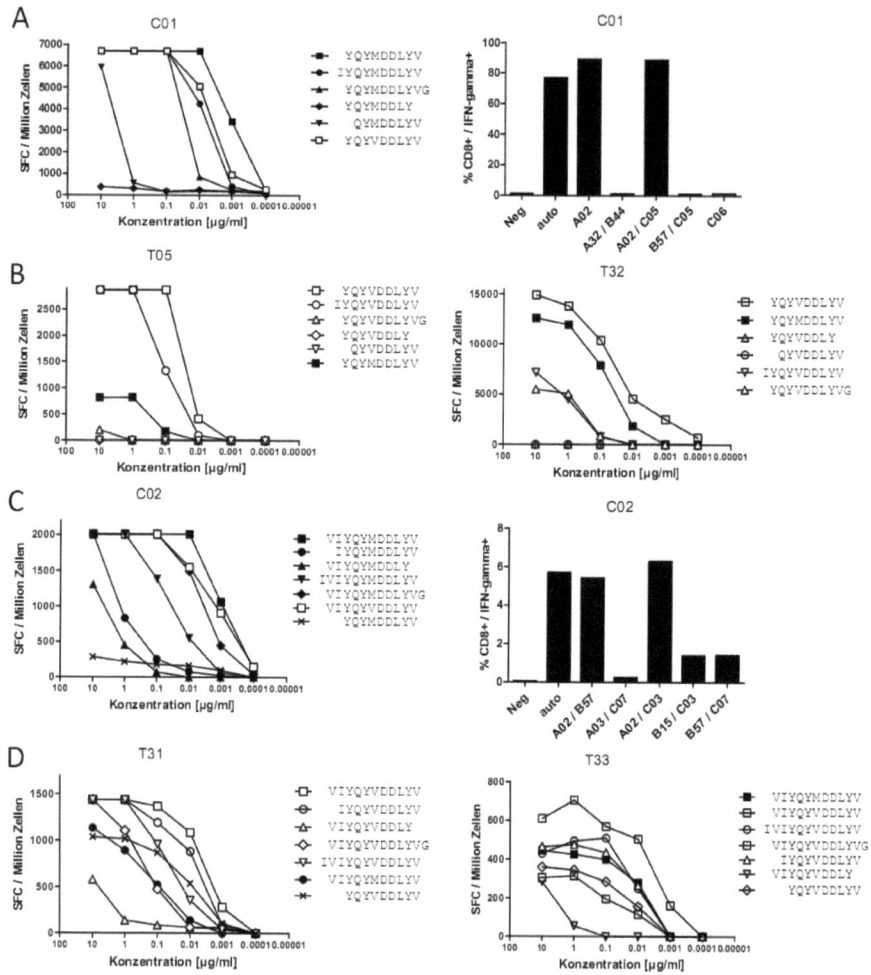

Abbildung 16: Bestimmung der optimalen Epitope und der jeweiligen HLA-Restriktion der untersuchten CD8+ T-Zelllinien bzw. eines CD8+ T-Zellklons. (A) Die Titration unterschiedlich langer Peptide zeigt, dass für den CD8+ T-Zellklon von Patient C01 YQYMDDLYV (YV9) das optimale Epitop darstellt. Für die Bestimmung der HLA-Restriktion des optimalen Epitops wurden allogene, mit Peptid

beladene B-LCL mit CD8+ T-Zellen ko-kultiviert und der Anteil der IFN-γ produzierenden CD8+ T-Zellen mittels FACS-Analyse bestimmt. Die B-LCL (vgl. 4.1.8.1) trugen mit dem Patienten übereinstimmende HLA-Allele und erlaubten so eine eindeutige Identifizierung des präsentierenden HLA-Allels. **(B)** Bei Patienten, die eine M184V-Mutation entwickelt hatten, war das YQYVDDLYV (YV9-4V) das optimale Epitop. **(C)** Für die CD8+ T-Zelllinie von C02 konnte das Epitop VIYQYMDDLYV (VV11) als das optimale HLA-A*0201 restringierte Epitop identifiziert werden. **(D)** Die Titrationen von Patienten T31 und T33 zeigen das mutierte Peptid VIYQYVDDLYV (VV11-6V) als das optimale Epitop für diese zwei Patienten, die eine M184V-Mutation entwickelt hatten. SFC – spot forming cells; ausgefüllte Symbole bezeichnen wt-Peptide, nicht ausgefüllte Symbole bezeichnen Peptide, die eine M184V-Mutation beinhalten.

Für einen weiteren Patienten C02, der das YV9-Epitop nur sehr schlecht erkannte, konnte das ebenfalls HLA-A*0201 restringierte Undecamer RT179-189 VIYQYMDDLYV (VV11) als das optimale Epitop identifiziert werden (vgl. Abb. 16C). Analog zu den Beobachtungen bei dem YV9-Nonamer, fanden sich auch für dieses Epitop zwei Patienten, T31 und T33, deren optimales Epitop, RT179-189 VIYQYVDDLYV (VV11-6V) die M184V-Mutation beinhaltete. Diese zwei Patienten, hatten ihr Lamivudin haltiges Therapieregime nur unregelmäßig eingenommen und ihre HI-Viruspopulation wies eine M184V-Mutation auf. Die CD8+ T-Zellen erkannten das VV11-6V-Epitop deutlich besser als die wt Variante (vgl. Abb. 16D).

Zwei weitere Patienten, die ebenfalls den Bereich der M184V-Mutation erkannten, trugen kein HLA-A*02 Allel, so dass von zumindest einem weiteren HLA-Allel ausgegangen werden muss, das ein Epitop in diesem Bereich restringiert.

In der vorliegenden Arbeit konnten also zwei optimale Epitope, RT181-189 YQYMDDLYV (YV9) / YQYVDDLYV (YV9-4V) und RT179-189 VIYQYMDDLYV (VV11) / VIYQYVDDLYV (VV11-6V) innerhalb der untersuchten HLA-A*0201 Patientenkohorte definiert werden.

5.2.3 HI-Virus mit einer M184V-Mutation wird in vitro von YV9-4V spezifischen CD8+ T-Zellen erkannt

Nach der Identifizierung zweier optimaler Epitope und deren HLA-Restriktion, sollte anschließend, anhand der Produktion von IFN-γ, untersucht werden, ob CD8+ T-Zelllinien in der Lage sind, mutierte HIV-Varianten zu erkennen. Hierzu wurden CD8+ T-Zelllinien von zwei Patienten hergestellt, deren autologes Virus die M184V-Mutation trug und deren optimales Epitop das YQYVDDLYV (YV9-4V) war. Von einem HIV negativen Spender, der das HLA-A*0201 Allel trug, wurden primäre CD4+ T-Zellen mit einem HI-Virus, das die M184V-Mutation beinhaltete (HXB2-M184V) infiziert. Diese wurden im Anschluss in einem Verhältnis von 1:10 (CD4+ Zielzellen : CD8+ Effektorzellen) mit den hergestellten CD8+ T-Zelllinien über einen Zeitraum von sechs Stunden inkubiert. Die CD8+ T-Zelllinien der beiden untersuchten Patienten produzierten als Reaktion auf den spezifischen Stimulus IFN-γ (vgl. Abb. 17).

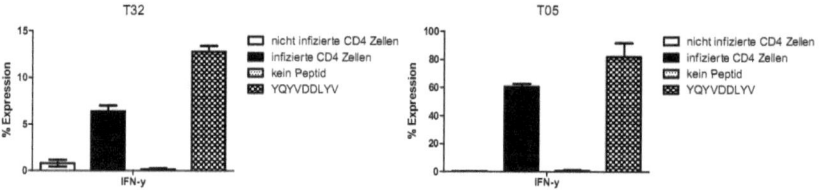

Abbildung 17: IFN-γ Produktion durch CD8+ T-Zelllinien von Patienten T32 und T05 in Reaktion auf die Ko-Kultur mit HIV-1 infizierten CD4+ T-Zellen. Die CD8+ T-Zellen wurden mit HXB2-M184V infizierten CD4+ T-Zellen eines HIV-negativen HLA-A*0201 positiven Spenders in einem Verhältnis von 10:1 über sechs Stunden ko-kultiviert. Zur Kontrolle der Antigenerkennung wurden die CD8+ T-Zelllinien mit YV9-4V Peptid stimuliert. Die Bestimmung der Produktion von IFN-γ erfolgte durch eine intrazelluläre Fluoreszenz-Färbung und anschließender FACS-Analyse.

Nachdem gezeigt werden konnte, dass die YV9-4V spezifische CD8+ T-Zelllinien der beiden Patienten T05 und T32 Virus mit einer M184V-Mutation erkennen können, wurde untersucht, ob diese CD8+ T-Zellen auch in der Lage sind das Wachstum eines Virus mit M184V-Mutation zu inhibieren. Hierzu wurde erneut eine primäre CD4+ T-Zell Anreicherungskultur eines HIV-negativen, HLA-A*0201 positiven Spenders hergestellt und mit dem mutierten HI-Virus (HXB2-M184V) infiziert. Diese CD4+ T-Zellen wurden in einem Verhältnis von 1:4 mit den hergestellten CD8+ T-Zelllinien der Patienten T05 und T32 für 10 Tage ko-kultiviert. Das Viruswachstum wurde anhand der Produktion des p24-Kern-Antigens im jeweiligen Kulturüberstand mit Hilfe eines p24-ELISA ermittelt. Die beiden YV9-4V spezifischen CD8+ T-Zelllinien der Patienten ließen in vitro, verglichen mit einer Kontrolle ohne CD8+ T-Zellen, eine deutliche Hemmung des Viruswachstums erkennen (vgl. Abb. 18).

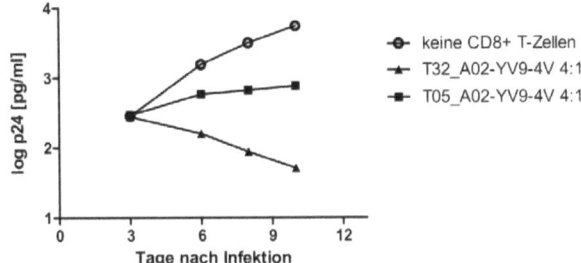

Abbildung 18: Viraler Hemmtest. HXB2-M184V infizierte CD4+ T-Zellen einer Anreicherungskultur wurden im Verhältnis von 1:4 (CD4+ Zielzellen : CD8+ Effektorzellen) mit YV9-4V spezifischen CD8+ T-Zelllinien zweier Patienten inkubiert und das Viruswachstum anhand der p24-Produktion im Zellkulturüberstand mit Hilfe eines p24-ELISA gemessen.

5.2.4 Klinische Hinweise für eine CD8+ T-Zellkontrolle von Virus mit M184V-Mutation

Ob CD8+ T-Zellantworten, die gegen ein Epitop gerichtet sind, das eine M184V-Mutation beinhaltet, auch Auswirkungen auf klinische Parameter haben, wurde anhand von 32 Patienten untersucht, die alle eine Therapie mit Lamivudin (3TC) oder Emtricitabin (FTC) einnahmen. Bei allen Patienten kam es zu einem Versagen des Therapieregimes mit Ansteigen der Viruslast und Entwicklung einer M184V-Mutation (vgl. Tab. 4).

Tabelle 4: **Klinische Daten der untersuchten Patientenkohorte (n=32).** VL – angegeben ist die maximale Viruslast nach Auftreten der M184V-Mutation vor Änderung des versagendem 3TC- bzw. FTC-haltigen Therapieregimes; CD4 – angegeben ist die CD4 T-Zellzahl zum jeweiligen Zeitpunkt der angegebenen maximalen VL; ART – antiretrovirale Therapie, dass bei Auftreten der M184V-Mutation eingenommen wurde; r - bezeichnet die Verwendung von RTV als PI-Booster (vgl. 2.7).

ID	VL	CD4	ART	RT-Medikamentenresistenzmutationen
T01	32.979	535	3TC / AZT / NVP	A62V ,Y181C, **M184V**
T02	48.331	366	3TC / AZT / ABC	D67N, K70R, **M184V**, T215I, K219E
T03	7.670	60	FTC / TDF / FPV	D67N, **M184V**
T04	27.300	46	FTC / TDF / EFV	T69S, L74I, K103N, **M184V**
T05	92.000	115	FTC / TDF / EFV	V118I, **M184V**

Ergebnis

T06	758.578	18	3TC / TDF / EFV / LPVr	M141L, D67G, T69S/C/G, L74V, K101H, V108I, Y181C, **M184V,** G190A, T215T/Y
T07	107.152	181	3TC / AZT / ABC / ATVr	K103N, **M184V**
T08	120.226	270	FTC / TDF / RTV / EFV	K20R, M41L, E44D, D67N, V106I, V118I, I135T, **M184V,** Y188L, L210W, T215Y, K219N
T09	90.164	96	3TC / TDF / TPVr / EFV / T20	M41L, D67N, T69D, K70R, L74I, V75T, V118I, Y181C, **M184V/I,** G190S, T215F, K219Q
T10	500.001	12	FTC / TDF / ATVr	**M184V**
T11	45.700	120	FTC / TDF / TPVr / ABC	V75I, F77L, K103N, Y115F, F116Y, V118I, Q151M, **M184V,** K219E
T12	58.775	90	FTC / TDF / LPVr	M41L, **M184V,** L210W, T215F
T13	229	147	3TC / TDF / LPVr	M41L, D67N, K103N, **M184V,** L210W, T215Y
T14	104.713	19	FTC / TDF / ETV / DRVr	M41L, D67N, T69N, K70R, L74I, **M184V,** T215F, K219Q
T15	10.301	407	FTC / TDF / EFV	M41L, L74V, K101E, V118I, **M184V,** Y181C, Y188L, G190S, T215Y
T16	4.854	174	3TC / ABC / ddI	M41L, E44D, D67N, V118I, **M184V,** L210W, T215Y, K219R
T17	2.749	137	FTC / TDF / EFV	K65R, K103N, **M184V,** P255H
T18	380.189	30	3TC / ABC / AZT	M41L, E44A, K67D, A98G, K101H, V118I, Y181C, **M184V,** G190A, L210W, K219N
T19	33.050	154	FTC / TDF / d4T	D67N, K70R, **M184V,** K219Q
T20	215	240	FTC / TDF / NVP	V108I, Y181C, **M184V**
T21	3.452	311	3TC / ABC / ATVr	M41L, L74V, V118I, **M184V,** L210W, T215Y
T22	65.366	230	FTC / TDF / NVP / FPVr	D67N, K70R, **M184V,** T215I, K219E
T23	14.791	399	3TC / d4T / NFV	D67N, K70R, K101E, **M184V,** G190A, T215F, K219E
T24	32.801	67	FTC / TDF / SQV / ATVr / T20	M41L, D67N, V75I, V118I, **M184V,** Y188L, L210W, T215Y, K219R
T25	1.728	316	3TC / AZT	K70R, **M184V**
T26	74.747	376	3TC / d4T	**M184V**
T27	4.467	110	3TC / LPVr / SQV	K65N, K101G, K103N, **M184V,** G190A, L215W, T215N
T28	6.554	594	3TC / AZT / NVP	A98G, K101E, Y181C, **M184V,** G190A
T29	2.576	330	3TC / ABC / LPVr	V179D, **M184V**
T30	17.000	160	FTC / TDF / ATVr	V108I, Y181C, **M184V**
T31	823	376	3TC / AZT / ABC	**M184V**
T32	312	346	3TC / ABC / LPVr	D67N, K70R, V75T, **M184V,** K219E

Allein die Tatsache, dass eine CD8+ T-Zellantwort gegenüber dem Bereich der M184V-Mutation vorhanden war, konnte mit einer um etwa eine log Stufe verminderter Viruslast assoziiert werden (vgl. Abb. 19). So hatte die Gruppe derjenigen Patienten die eine CD8+ T-Zellantwort gegen den Bereich der M184V-Mutation entwickelt hatten, im Median eine Viruslast von 4.467 Kopien/ml peripheren Blutes (Bereich 226 - 107.152 Kopien/ml), die Gruppe der Patienten hingegen, die keine CD8+ T-Zellantwort gegen den Bereich der M184V-Mutation entwickelt hatten, im Median eine Viruslast von 45.700 Kopien/ml (Bereich 7.670 - >500.000 Kopien/ml; p=0,005). Das Vorhandensein einer CD8+ T-Zellantwort gegenüber dem Bereich der M184V-Mutation hatte folglich einen positiven Effekt auf den wichtigen klinischen Parameter der Viruslast.

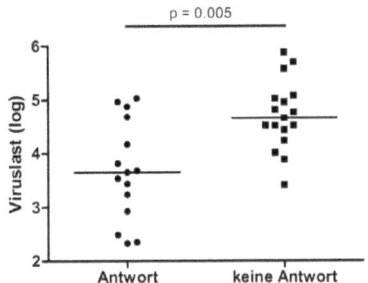

CD8+ T-Zellantwort auf die Region RT M184V

Abbildung 19: Klinische Hinweise für die Kontrolle von Hi-Virus mit einer M184V-Mutation durch spezifische CD8+ T-Zellen. Verglichen wurde die Viruslast der 32 Patienten aus Tabelle 4, bei denen unter einem versagenden Therapieregime mit Lamivudin (3TC) oder Emtricitabin (FTC) bei ansteigender Viruslast eine M184V-Mutation auftrat. Patienten (n=15), die eine CD8+ T-Zellantwort gegen den Bereich der M184V-Mutation entwickelt hatten zeigten eine signifikant geringere Viruslast (Median 4.467 vs. 45.700; p=0,005), als Patienten (n=17), die keine CD8+ T-Zellantwort gegen diesen Bereich entwickelt hatten.

Zwar ist die Verringerung der Viruslast im Median um etwa eine log Stufe bei Patienten, die eine CD8+ T-Zellantwort gegen den Bereich der M184V-Mutation zeigten, bereits eine signifikante Verbesserung, im Hinblick auf einen möglichen Ansatz für einen therapeutischen Impfstoff wäre es jedoch das Ziel, eine CD8+ T-Zellantwort zu induzieren, die in der Lage ist die Viruslast derart zu kontrollieren, dass diese unter die Nachweisgrenze sinkt.

Ergebnis

Detailliert wurden daher zwei Patienten, T31 und T33, untersucht. Patient T31 bekam seit über sieben Jahren das Therapieregime Trizivir® (3TC / AZT / ABC) und nahm dies nur unregelmäßig ein. Patient T33 bekam seit über einem Jahr Trizivir® zusammen mit Viread® (TDF) und nahm diese Medikamente ebenfalls unregelmäßig ein. Die Viruslast dieser beiden Patienten lag trotz dieser unregelmäßigen Einnahme der antiretroviralen Medikation unterhalb der Nachweisgrenze. Bei einer Analyse mit Hilfe des IFN-γ Elispot zeigten die CD8+ T-Zellen dieser beiden Patienten eine robuste IFN-γ Antwort auf den Bereich der M184V-Mutation. Eine Titration ergab, dass das HLA-A*0201 restringierte Epitop VIYQY**V**DDLYV (RT179-189, VV11-6V) von beiden Patienten am besten erkannt wurde (vgl. Abb. 16D).

Patient T31 hatte in der Vergangenheit zu drei Zeitpunkten eine nachweisbare Viruslast, von denen eingefrorene Plasmaproben zur Sequenzierung des autologen Virus zur Verfügung standen (vgl. Abb. 20).

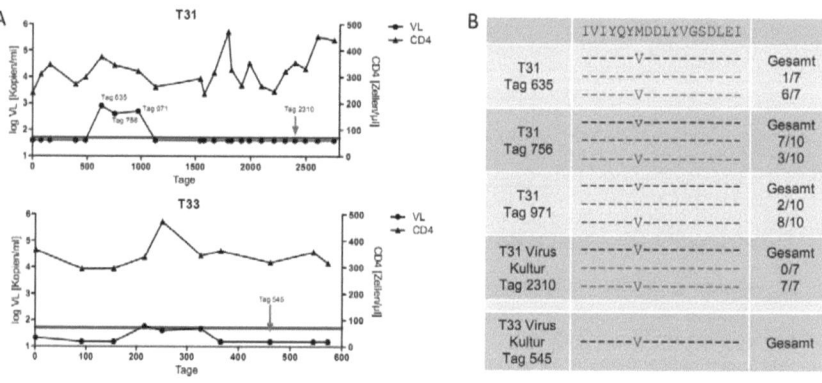

Abbildung 20: Klinische Hinweise für die Kontrolle von Hi-Virus mit einer M184V-Mutation durch spezifische CD8+ T-Zellen. (A) oben: Verlauf von CD4+ T-Zellzahl und Viruslast (VL) von Patient T31. **unten:** Verlauf von CD4+ T-Zellzahl und Viruslast von Patient T33. Die beiden Patienten nahmen eine antiretrovirale Therapie mit Lamivudin (3TC) ein. Die horizontale Linie zeigt die Nachweisgrenze der Viruslastbestimmung (50 Kopien/ml), der Pfeil bezeichnet den Zeitpunkt (Tag 2310) zu dem eine CD4+ T-Zell Anreicherungskultur gestartet wurde, aus deren Überstand die Sequenz des autologen Virus der beiden Patienten gewonnen wurde. **(B)** Sequenzen des autologen Virus aus kryo-konservierten Plasmaproben von Patient T31 zu drei Zeitpunkten mit nachweisbarer Viruslast (Tag 635, 756 und 971) und Virus aus dem Überstand einer CD4+ T-Zell Anreicherungskultur des Patienten (Tag 2310). Sequenziert wurde jeweils das PCR-Produkt (Gesamt) und zusätzlich Produkte einer Subklonierung. Die letzte Zeile zeigt die Sequenz des autologen Virus aus dem Überstand einer CD4+ T-Zell Anreicherungskultur von Patient T33.

Neben der gesamten Viruspopulation wurden von jedem dieser drei Zeitpunkte auch Virussequenzen kloniert, um das Verhältnis der Quasispezies bestimmen zu können. Die Sequenzierung ergab, dass zu jedem dieser drei Zeitpunkte Viren mit einer M184V-Mutation vorhanden waren (vgl. Abb. 20B). Zu einem späteren Zeitpunkt, an Tag 2310, wurde aus frischen PBMC eine primäre CD4+ T-Zellkultur hergestellt. Nach drei Wochen konnte Virus im Überstand dieser Zellkultur gemessen werden und eine Sequenzierung des wachsenden Virus ergab, dass sieben hergestellte Virusklone eine M184V-Mutation trugen. Trotz Vorhandensein einer M184V-Mutation zu den drei Zeitpunkten mit nachweisbarer Viruslast, sank diese zum nächsten untersuchten Zeitpunkt unter die Nachweisgrenze, ohne das eine Umstellung der antiretroviralen Therapie vorgenommen worden war. Für Patient T33 wurde ebenfalls eine primäre CD4+ T-Zellkultur hergestellt. Die Sequenzierung des autologen replizierten Virus aus dem Überstand dieser Kultur wies auch für Patient T33 das Vorhandensein einer M184V-Mutation nach.

Im Folgenden sollten weitere Faktoren, die, neben den VV11-6V spezifischen CD8+ T-Zellen, ursächlich für eine nicht nachweisbare Viruslast sein könnten, untersucht werden. Die HLA-Typisierung von Patient T31 ergab den Genotyp HLA-A*0201, A*0202, B*3501, B*4901, Cw*0401, Cw*0701 und für Patient T33 den Genotyp HLA-A*0201, A*0201, B*1501, B*1501, Cw*0304, Cw*0401. Beide Patienten wiesen also keine protektiven HLA-Allele, wie z.B. HLA-A*25, HLA-B*27 oder HLA-B*57, auf, die den Verlauf der HIV-Infektion positiv beeinflussen könnten. Ein weiterer genetischer Faktor, der Einfluss auf die HIV-Infektion ausüben kann, ist der CCR5 Ko-Rezeptor. Die Deletion von 32 Basenpaaren (*CCR5Δ32*), die bei 5-14% der europäischen Bevölkerung zu finden ist [99], hat zur Folge, dass HIV diesen deformierten Ko-Rezeptor nicht verwenden kann, um Zielzellen zu infizieren [100]. Die Analyse des CCR5-Rezeptors zeigte jedoch, dass beide Patienten das Wildtypallel des CCR5-Rezeptors homozygot trugen (vgl. Abb. 21A).

Eine IFN-γ Elispot-Analyse zeigte, dass Patient T31 eine schwache CD8+ T-Zellantwort im Bereich Gag, drei schwache Antworten im Bereich Nef und eine weitere schwache CD8+ T-Zellantwort gegenüber Pol. Patient T33 hatte verglichen mit Patient T31 deutlich mehr, z.T. auch sehr starke IFN-γ Antworten (vgl. Abb. 21B).

Ergebnis

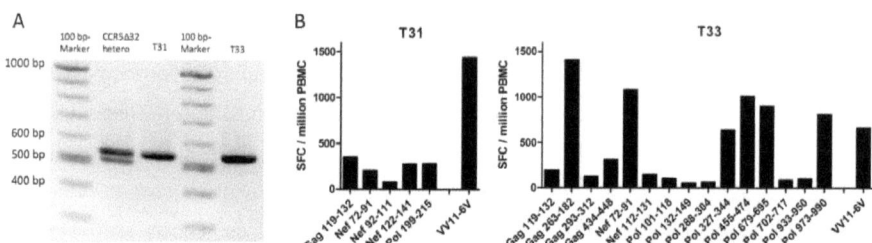

Abbildung 21: Analyse von Individuum T31 und T33 (A) 2% Agarosegel mit dem PCR Produkt des *CCR5*-Ko-Rezeptors der beiden Patienten T31 und T33. Als Kontrolle wurde genomische DNA eines Patienten mit bekannter *CCR5Δ32* Heterozygotie verwendet (Bandengröße bei 542 bp und 515 bp). **(B)** CD8+ T-Zellantworten der Patienten T31 und T33 auf Peptide aus den Bereichen Gag, Nef und Pol.

Die zwei Patienten T31 und T33 könnten also Beispiele dafür sein, dass eine CD8+ T-Zellantwort die den Bereich der M184V-Mutation beinhaltet, trotz unzureichender antiretroviraler Therapie, in der Lage sein kann, das autologe, replikationsfähige Virus mit einer M184V-Mutation unterhalb der Nachweisgrenze zu kontrollieren.

6 Diskussion

6.1 Auswirkungen veränderter Antigenspiegel auf die CD38 / PD-1 Ko-Expression auf HIV-spezifischen CD8+ T-Zellen

Die Immunpathogenese in der chronischen Phase der HIV-Infektion ist nicht vollständig verstanden. Bei den meisten Patienten kommt es zu einem Fortschreiten der Erkrankung, trotz Vorhandensein einer breiten CD8+ T-Zellantwort, die nicht durch Fluchtmutationen umgangen wird. Dies weist auf einen fehlenden Immundruck hin [44]. In herkömmlichen IFN-γ Elispot-Analysen sind ineffektive CD8+ T-Zellantworten nicht von effektiven zu unterscheiden [40, 41].
Ein großes Interesse besteht daher an Markern, die eine Unterscheidung von HIV-spezifischen CD8+ T-Zellen ermöglichen, die eine Kontrolle über die Infektion ausüben und solchen, die über keine Kontrolle der Virämie verfügen. Zwei dieser möglichen Marker stellen der Aktivierungsmarker CD38 und der inhibitorische Marker PD-1 dar. Während jeder einzelne für sich genommen bereits untersucht wurde, gibt es keine hinreichenden Studien, die sich mit der gleichzeitigen Expression dieser beiden Moleküle auf HIV-spezifischen CD8+ T-Zellen beschäftigen. Eine Arbeitsgruppe berichtete von einer stärkeren CD38 und PD-1 Expression in einem Patienten mit einer sehr hohen Viruslast, im Vergleich zu einem Patienten mit einer geringen Viruslast [101]. In dieser Studie wurde mit Hilfe der durchschnittlichen Fluoreszenzintensität durchgeführt. Es können folglich keine Schlussfolgerungen darüber gezogen werden, ob die beiden Marker auf identischen oder unterschiedlichen Zellen exprimiert wurden. Eine weitere Arbeitsgruppe untersuchte PD-1+ CD8+ T-Zellen und konnte zeigen, dass die Expression von CD38 bei Progressoren höher war als bei Patienten, die die Virämie über einen langen Zeitraum selbstständig kontrollieren konnten [102]. In dieser Studie wurde allerdings nur ein einziges CD8+ T-Zell Epitop, das HLA-A*0201 restringierte Epitop SLYNTVATL (SL9), untersucht.
In der vorliegenden Arbeit konnte zum ersten Mal gezeigt werden, dass ein hoch signifikanter Unterschied von CD38/PD-1 doppelt positiven HIV-spezifischen CD8+ T-Zellen von Controllern und Progressoren in der chronischen Phase der Infektion für eine breite Palette von CD8+ T-Zell Epitope besteht. Der CD38/PD-1 Phänotyp war,

verglichen mit der Gesamtheit der CD8+ T-Zellen, auf HIV-spezifischen CD8+ T-Zellen signifikant stärker exprimiert. Dieser Phänotyp war innerhalb eines Individuums sehr einheitlich und unabhängig vom Epitop. Die gleichzeitige Expression der beiden Marker für Immunaktivierung und Inhibition auf virusspezifischen CD8+T-Zellen ist also ein Charakteristikum einer fortschreitenden HIV-Infektion.

Im Mausmodell konnte gezeigt werden, dass die Expression von PD-1 nach Aktivierung einer CD8+ T-Zelle durch die Stimulation des TCR in vivo und in vitro hochreguliert wird [103]. Ebenso können humane CD8+ T-Zellen mit zunehmender T-Zellaktivierung die Expression von PD-1 hochregulieren [101]. Bei einer Infektion von Mäusen mit dem Armstrong-Stamm des lymphozytären Choriomeningitis-Virus (LCMV) wird in der akuten Phase einer Infektion die PD-1 Expression bei einer effektiven CD8+ T-Zellantwort hochreguliert [92]. Bei dem Armstrong-Stamm handelt es sich um einen LCMV-Stamm, der von dem Immunsystem infizierter Mäuse vollständig beseitigt werden kann und es daher nicht zur Entwicklung einer chronischen, persistierenden LCMV-Infektion kommt. Dies konnte ebenfalls beim Menschen im Falle einer ausgeheilten Hepatitis C (HCV) Infektion nachgewiesen werden [104]. Die Hochregulierung von PD-1, in Verbindung mit einer Immunaktivierung, schließt also eine effektive CD8+ T-Zellantwort nicht aus, sondern scheint eine Rolle in der Feinabstimmung der T-Zell Aktivität in der akuten Infektion inne zu haben.

Für ein über lange Zeit persistierendes Antigen, wie bei einer chronischen HIV-Infektion, konnte gezeigt werden, dass eine hohe Expression von PD-1 über den Krankheitsverlauf bestehen blieb. Die Inhibierung des Signalweges mit Hilfe inhibitorischer Antikörper konnte die Proliferationsfähigkeit der CD8+ T-Zellantwort in vitro jedoch wieder herstellen [105].

CD38 und PD-1 üben im Falle der T-Zellen entgegengesetzte Funktionen aus, die von den beiden Molekülen über unterschiedliche Signaltransduktionswege erreicht werden. CD38 fungiert gleichzeitig als Signalmolekül, das in Reaktion auf Interaktion mit dem Liganden CD31 oder auch antagonistischen CD38 Antikörpern die Proliferation und Zytokinproduktion anregt [106-108]. Das bifunktionale Ektoenzym CD38 synthetisiert aus NAD den Botenstoff cADPR (zyklische Adenosin-Diphosphoribose) und spielt daher auch eine wichtige Rolle im Calciummetabolismus [61, 106]. Das von PD-1 ausgehende Signal inhibiert hingegen direkt die

Phosphoinositid-3-Kinasen (PI3K), die für Schlüsselfunktionen wie Proliferation, Zytokinproduktion und zytotoxische Funktion der T-Zellen notwendig sind [66]. PD-1 ist auch bei der Hochregulation des Transkriptionsfaktors BATF (basic leucine zipper transcription factor, ATF-like) beteiligt, der ebenfalls inhibitorisch auf die Proliferation und Zytokinproduktion wirkt [109]. In der chronischen Phase der Infektion ist es daher denkbar, dass T-Zellen, die auf der einen Seite über CD38 stimuliert werden und auf der anderen Seite über Signale von PD-1 gehemmt werden, nicht mehr in der Lage sind, ihre normale Funktion auszuüben.

Um mehr darüber zu erfahren, ob die Hochregulation der CD38/PD-1-Ko-Expression eine pathophysiologische Komponente der fortschreitenden HIV-Infektion darstellt, wurde das Verhältnis zwischen der CD38/PD-1-Ko-Expression und der Viruslast longitudinal untersucht. Bisherige longitudinale Studien beschäftigten sich mit der PD-1 Expression in der frühen, akuten Infektion [43] oder der chronischen Phase der HIV-Infektion, nur mit je einem Zeitpunkt vor und nach Beginn einer antiretroviralen Therapie [110]. Zudem lag der Fokus in der Mehrzahl der Experimente in dieser Studie nicht auf HIV-spezifische CD8+ T-Zellen, sondern auf die Gesamtheit der CD8+ T-Zellen gerichtet. In der vorliegenden Arbeit führte der Beginn einer antiretroviralen Therapie zu einem signifikanten Absinken der CD38/PD-1-Ko-Expression auf HIV-spezifischen CD8+ T-Zellen, was mit den Ergebnissen für die Gesamtheit der CD8+ T-Zellen von Rehr et al. in Einklang steht.

Es konnte ebenso gezeigt werden, dass Fluchtmutationen in der chronischen Phase der HIV-Infektion zu einem raschen Absinken der CD38/PD-1-Ko-Expression der entsprechenden virusspezifischen CD8+ T-Zellen führen. Dies zeigt die Wichtigkeit, einzelne Immunantworten, anstelle von Peptidmischungen, die alle CD8+ T-Zellantworten von Patienten beinhalten, zu untersuchen und die Sequenzen des autologen Virus mit einzubeziehen, um den jeweiligen Phänotypen von CD8+ T-Zellantworten gegen HIV richtig beurteilen zu können. Der CD38/PD-1 Phänotyp ist, selbst nach längerer Antigenexposition, reversibel, wie im Makakkenmodell gezeigt werden konnte [69].

Geringe Schwankungen der Viruslast zeigten keine Veränderungen der relativ stabilen CD38/PD-1 Ko-Expression, während ein signifikanter Anstieg der Viruslast ($\geq$ 1 log) mit einem Anstieg der CD38/PD-1-Ko-Expression einherging. Zusammengenommen deuten die Ergebnisse der vorliegenden Arbeit darauf hin, dass die Ko-Expression von CD38 und PD-1 auf HIV-spezifischen CD8+ T-Zellen ein

Diskussion

antigenabhängiger, sekundärer Effekt ist. Allerdings war bei zwei Patienten mit steigender Viruslast der Anstieg der CD38/PD-1-Ko-Expression klar vor dem Anstieg der Viruslast zu beobachten. Dies könnte auf einen Zusammenhang des PD-1 Anstiegs auf aktivierten CD8+ T-Zellen mit dem Fortschreiten der Krankheit hindeuten. So wäre es möglich, dass die CD8+ T-Zellantworten einen entscheidenden Faktor des adaptiven Immunsystems darstellen, der die Virämie im Laufe der chronischen Phase der HIV-Infektion kontrollieren könnte. Eine weitere Ursache für diese Beobachtung könnte auch die Tatsache sein, dass in der vorliegenden Arbeit PBMC aus peripherem Blut untersucht wurden. Eine Zunahme der viralen Replikation könnte bereits zu einem früheren Zeitpunkt im lymphatischen Gewebe beginnen und die CD38/PD-1-Ko-Expression beeinflussen. Der Anstieg, sowohl der Viruslast, als auch der CD38/PD-1 Ko-Expression, könnten jedoch auch Folge eines dritten Ereignisses sein, wie z.B. einer weiteren Virusinfektion oder, wie kürzlich beschrieben wurde, der Translokation von Mikroorganismen oder mikrobieller Bestandteile aus dem Darm, nach der Depletion der Mukosa assoziierten CD4+ T-Zellen [55].

Bislang wurde die CD38/PD-1-Ko-Expression anhand Epitop spezifischer Tetramer-Komplexe untersucht, was die Zahl der untersuchbaren Epitope erheblich einschränkt. Die Stimulation von Virus spezifischen CD8+ T-Zellen mit Peptiden ermöglicht es, nahezu alle erkannten Epitope in Studien zu untersuchen. Die Ergebnisse der vorliegenden Arbeit zeigen eine signifikante Korrelation der Expression von CD38 und PD-1 zwischen Pentamer gefärbten und mit Peptid stimulierten CD8+ T-Zellen, was die Verwendung der Peptidstimulation rechtfertigt. Diese Methode erlaubte es, die CD38/PD-1-Ko-Expression von CD8+ T-Zellantworten gegen die gesamte Länge der viralen Proteine Gag, Pol und Nef zu untersuchen.

Dennoch sind die beiden Methoden nicht völlig miteinander austauschbar, da eine Fluoreszenz-Färbung mit dem Pentamer auch eine Fraktion PD-1+ CD8+ T-Zellen erfasste, die aufgrund der Immunerschöpfung kein IFN-γ mehr produzierten [92].

In der vorliegenden Arbeit konnte gezeigt werden, dass die CD38/PD-1-Ko-Expression auf HIV-spezifischen CD8+ T-Zellen in der chronischen Phase der Infektion hoch signifikant mit dem Krankheitsstadium korrelierte. CD38 und PD-1 wurden gleichzeitig auf derselben HIV-spezifischen CD8+ T- Zelle exprimiert und korrelierten sowohl mit der Viruslast, als auch invers mit der CD4+ T-Zellzahl. Die

Suppression des Antigens, sei es durch virale Fluchtmutationen oder den Beginn einer antiretroviralen Therapie, führte zu einem Absinken der CD38/PD-1 Ko-Expression. Ein starker Anstieg der Viruslast ging mit einer Zunahme der CD38/PD-1-Ko-Expression auf HIV-spezifischen CD8+ T-Zellen einher. In zwei Fällen kam die Zunahme der CD38/PD-1-Ko-Expression dem Anstieg der Viruslast sogar zuvor. Letzteres könnte auf eine Rolle der Hochregulation von PD-1 bei der Krankheitsprogression deuten, während die übrigen Daten eher die These stützen, dass die gleichzeitige Immunaktivierung und Immunerschöpfung ein sekundäres, antigenabhängiges Phänomen darstellen. Um diese Frage jedoch eindeutig klären zu können, bedarf es weiterer funktioneller Untersuchungen.

6.2 Die Kontrolle von M184V HIV-1 Mutanten durch CD8+ T-Zellantworten

Nachdem die Entwicklung eines protektiven Impfstoffes gegen das HI-Virus bislang nicht gelungen ist, scheint die Kontrolle der chronischen Infektion mit Hilfe der Kombination einer antiretroviralen Therapie mit dem Immunsystem eine aussichtsreiche Alternative zu sein. In der vorliegenden Arbeit wurde daher untersucht, ob dies mit Hilfe von HIV-spezifischen CD8+ T-Zellen möglich sein könnte. Zunächst wurde untersucht, in wie weit sich CD8+ T-Zellantworten von chronisch HIV-infizierten Patienten mit wichtigen Medikamentenresistenzmutationen überlagern. Aufgrund der großen Zahl von Patienten, die eine CD8+ T-Zellantwort auf den Bereich der Lamivudin/Emtricitabin RT-Resistenzmutation M184V entwickelt hatten, wurde der Fokus der vorliegenden Arbeit auf diese Resistenzmutation gelegt. Bei allen Patienten, deren CD8+ T-Zellantwort stark genug war, wurde auch das jeweils optimale Epitop bestimmt. Für 69% der Individuen, die das überlappende Peptid erkannten, war das HLA-A*0201 restringierte Nonamer YQY**M**DDLYV (YV9) bzw. dessen mutierte Variante YQY**V**DDLYV (YV9-4V) das optimale Epitop. Dieses Epitop wurde bereits mit Hilfe des theoretischen BIMAS Algorithmus vorhergesagt [98], jedoch bislang nicht experimentell definiert. Das zweite optimale, ebenfalls HLA-A*0201 restringierte CD8+ T-Zellepitop, das von zwei Individuen erkannt wurde, ist das bislang noch nicht beschriebene Undecamer VIYQYM DDLYV (VV11) bzw. VIYQYVDDLYV (VV11-6V). Der Großteil der Patienten mit einer CD8+ T-Zellantwort gegen die Region der M184V-Mutation, trug das HLA-A*0201 Allel. Es gab aber auch zwei Patienten in der untersuchten Kohorte, deren CD8+ T-Zellen zwar die Region der M184V-Mutation erkannten, die aber kein HLA-A*02 Allel trugen. Es scheint folglich mindestens ein weiteres HLA-Klasse-I-Molekül zu existieren, das mit einem, die M184V enthaltenden Epitop assoziiert ist. Die Identifizierung des optimalen Epitopes und des assoziierten MHC-Klasse-I-Moleküls wurde in der vorliegenden Arbeit jedoch nicht weiter verfolgt. Ein weiteres, von einer anderen Arbeitsgruppe beschriebene Epitop, ist das HLA-A*02 restringierte Decamer IYQYMDDLYV (IV10) [111]. Die CD8+ T-Zellen der, in der vorliegenden Arbeit untersuchten Patienten, erkannten jedoch das VV11-Epitop besser (vgl. Abb. 16), auch wenn Undecamere selten als optimale HLA-A*02 restringierte Epitope auftreten. Bei den in der vorliegenden Arbeit untersuchten Patienten stellt die M184V-Mutation in einem weiteren, bereits beschriebenen Epitop, dem VIYQYMDDL (VL9), eine Fluchtmutation dar, was im Einklang mit den Ergebnissen der ersten Publikation dieses Epitops steht [97].

Nachdem CD8+ T-Zellantworten definiert werden konnten, die M184V mutierte Peptide erkannten, stellte sich die Frage, ob diese CD8+ T-Zellantworten auch HI-Viren erkennen können, die eine M184V-Mutation tragen. Es konnte klar nachgewiesen werden, dass primäre CD8+ T-Zelllinien, die von Patienten gewonnen wurden die eine M184V-Mutation trugen, spezifisch das Epitop YV9-4V erkannten. Diese CD8+ T-Zelllinien waren zudem in der Lage, die Replikation eines Virus, das eine M184V-Mutation enthielt, in vitro zu hemmen.

Um die Frage zu beantworten, ob Virus mit einer M184V-Mutation auch in vivo kontrolliert werden kann, wurden Patienten untersucht, die mit Versagen ihrer Lamivudin oder Emtricitabin haltigen antiretroviralen Therapie und ansteigender Viruslast auch eine M184V-Mutation entwickelt hatten. Individuen, die eine CD8+ T-Zellantwort gegen den Bereich der M184V-Mutation entwickelt hatten, zeigten, verglichen mit Patienten, die keine CD8+ T-Zellantwort gegen diese Region entwickelt hatten, eine signifikant geringere Viruslast. Da die Viruslast einen starken prognostischen Wert, auch im Falle eines versagenden Therapieregimes für das Fortschreiten der Erkrankung darstellt [112], kann die CD8+ T-Zellantwort gegen die M184V-Mutation als protektiv angesehen werden. Eine niedrige Viruslast bei

Therapieversagern mit generell starken CD8+ T-Zellantworten wurde bereits beschrieben [113, 114] und könnte möglicherweise CD8+ T-Zellantworten, die spezifisch für Medikamentenresistenzmutationen sind, zugeschrieben werden. Bei Patienten mit versagender antiretroviralen Therapie konnten, im Vergleich zu CD8+ T-Zellantworten gegenüber anderen HIV Proteinen, stärkere Antworten gegen das Pol Protein nachgewiesen werden und eine Verschiebung der dominanten Immunantworten von Gag zu Pol [114, 115].

Die 32 untersuchten Individuen, mit versagender antiretroviralen Therapie, wurden aufgrund einer steigenden Viruslast über die Nachweisgrenze von 50 Kopien/ml identifiziert. Zusätzlich sollte geklärt werden, ob CD8+ T-Zellantworten gegen die M184V-Mutation dazu beitragen könnten, eine nicht nachweisbare Viruslast zu erhalten. Die Analyse des Patienten T31 ergab eine Viruslast unterhalb der Nachweisgrenze, bei Vorhandensein einer robusten CD8+ T-Zellantwort gegen das Undecamer VV11-6V. Die Patienten T31 und T33 nahmen ihre antiretrovirale Therapie nur unregelmäßig ein und die Viruspopulationen beider Patienten wiesen eine M184V-Mutation auf. Da nicht ausgeschlossen werden kann, dass die Kontrolle der Virämie in diesen zwei Patienten eine andere Ursache hat, wurden weitere Faktoren, die zu einer nicht nachweisbaren Viruslast führen können, untersucht. Im Kulturüberstand von primären CD4+ T-Zellkulturen dieser beiden Patienten konnte, in Abwesenheit von CD8+ T-Zellen und antiretroviralen Medikamenten, bereits nach kurzer Zeit Virus mit einer M184V-Mutation nachgewiesen werden. Das Vorliegen eines nicht replikationsfähigen Virus konnte somit ausgeschlossen werden. Weitere Gründe für eine Viruslast unterhalb der Nachweisgrenze könnten in den Genen von Patienten T31 und T33 liegen. Bei beiden Patienten konnten jedoch keine protektiven HLA-Klasse-I-Allele, wie z.B. HLA-A*25, HLA-B*27 oder HLA-B*57, gefunden werden [39]. Tatsächlich ergab die HLA-Typisierung von Patient T31, dass dieser mit HLA-B*35 und HLA-Cw*07 sogar zwei mit einer schlechteren Prognose assoziierte HLA-Allele aufwies [39]. Ebenso konnten weitere genetische Faktoren, wie eine *CCR5Δ32*-Mutation, ausgeschlossen werden. Eine homozygot vorliegende Deletion von 32 Basen im CCR5-Rezeptor verhindert die Verwendung dieses Ko-Rezeptors durch HIV und damit die Infektion der Zielzelle [116-118]. Eine Heterozygotie für diese Deletion kann den Krankheitsverlauf, insbesondere bei Patienten mit antiretroviraler Therapie, verlangsamen [119]. Beide Patienten wiesen jedoch das *CCR5*-Wildtyp-Allel homozygot auf. Eine Kontrolle der Virämie bei den

Diskussion

Patienten T31 und T33 könnte auch das Resultat weiterer CD8+ T-Zellantworten sein. Die wenigen CD8+ T-Zellantworten bei Patient T31, eine gegenüber Gag, eine gegen Pol und drei gegenüber dem Nef-Protein waren jedoch schwach. Patient T33 hatte mehrere CD8+ T-Zellantworten, von denen einzelne CD8+ T-Zellantworten gegen diese viralen Proteine auch stark waren. Eine Beteiligung dieser weiteren CD8+ T-Zellantworten bei der Kontrolle der Viruslast unterhalb der Nachweisgrenze kann für Patoienten T33 nicht ausgeschlossen werden. Nachdem andere mögliche Faktoren für eine nicht nachweisbare Viruslast ausgeschlossen werden konnten, scheint es jedoch wahrscheinlich zu sein, dass die CD8+ T-Zellantwort gegen eine M184V-Mutation dazu beiträgt, die Viruslast bei den beiden untersuchten Patienten T31 und T33 unterhalb der Nachweisgrenze zu halten. Eine möglicherweise vergleichbare Situation konnte im Tiermodell beobachtet werden. SIVmac infizierte Makaken, die während einer Monotherapie mit Tenofovir eine K65R-Resistentmutation entwickelt hatten, zeigten trotz dieser Resistenzmutation keine nachweisbare Viruslast. Nachdem die CD8+ T-Zellen mit Hilfe eines Antikörpers depletiert worden waren, stieg die Viruslast, trotz fortgesetzter Therapie mit Tenofovir, stark an. Bei Tieren, in denen die CD8+ T-Zellen nur für einen gewissen Zeitraum depletiert waren, fiel die Viruslast mit dem erneuten Auftauchen der CD8+ T-Zellen wieder auf Werte unterhalb der Nachweisgrenze [120]. Dies zeigt, dass mutiertes Virus durch CD8+ T-Zellen kontrolliert werden kann, die einzelnen, hierfür verantwortlichen CD8+ T-Zellantworten wurden jedoch nicht definiert.

Therapie-naive Patienten, deren Immunsystem noch nie Kontakt mit einem Virus mit einer M184V hatte, erkannten das YV9-Epitop mit einer teilweise hohen Avidität. Im Hinblick auf die Entwicklung eines therapeutischen Impfstoffes stellt sich die Frage, ob eine CD8+ T-Zellantwort gegen das Wildtyp-Virus bei Auftreten einer Medikamentenresistenzmutation hinderlich sein könnte. Entsprechend der Idee der „original antigenic sin", wäre es nun denkbar, dass eine einmal aufgetretene CD8+ T-Zellantwort gegen ein Wildtyp-Virus das Entstehen einer CD8+ T-Zellantwort gegen ein mutiertes Virus verhindern könnte [121]. Um diese Frage beantworten zu können, müsste ein therapienaiver Patient mit einer CD8+ T-Zellantwort auf das YV9-Wildtyp-Epitop untersucht werden, der nach Beginn einer antiretroviralen Therapie mit einem Lamivudin oder Emtricitabin haltigen Therapieregime eine M184V-Mutation entwickelt. In der untersuchten Patientenkohorte konnte jedoch bislang kein Patient identifiziert werden, der diesen Kriterien entsprochen hätte.

Interessanterweise wurde von allen Patienten mit versagendem Therapieregime und einem HI-Virus, das eine M184V-Mutation trug, das Epitop YV9-4V besser erkannt als das YV9-Wildtyp-Epitop. Ob bei diesen Patienten vor Auftreten der M184V-Mutation eine CD8+ T-Zellantwort gegen das YV9-Epitop vorhanden war und diese CD8+ T-Zellantwort erst mit Auftreten der M184V-Mutation eine Veränderung ihrer Spezifität zugunsten des mutierten YV9-4V-Epitops erfahren hatten, kann jedoch nicht beurteilt werden.

Laut UNAIDS enthalten etwa 99% der Ersttherapieregime in Entwicklungsländern entweder Lamivudin oder Emtricitabin, wohingegen diese Medikamente nur noch zu etwa 47% in folgenden Therapieregimen Verwendung finden. Eine M184V-Medikamentenresistenz entsteht folglich schnell. Sequenzanalysen ergaben ein Auftreten der M184V-Mutation bei 65-100% der Patienten, deren versagendes Therapieregime Lamivudin bzw. Emtricitabin enthielt [94-96, 122, 123].

Die vorliegenden Ergebnissen deuten darauf hin, dass eine therapeutische Impfung, die CD8+ T-Zellantworten gegen die M184V-Mutation induziert, dazu führen könnte, einfache, günstigere und nebenwirkungsärmere Therapieregime länger beizubehalten.

7 Verzeichnis der Abkürzungen

3TC	Lamivudin (Epivir®)
ABC	Abacavir (Ziagen®)
AIDS	erworbenes Immunschwäche Syndrom (engl. *aquired immuno deficiency syndrome*)
APC	antigenpräsentierende Zellen (APC – engl. *antigene presenting cell*)
AS	Aminosäure
ATV	Atazanavir (Reyataz®)
AZT	Zidovudin (Retrovir®)
BATF	engl. *basic leucine transcription factor, ATF-like*
B-LCL	Lymphoblostoide B-Zelllinie (engl. *B-lymphoblastoid cell line*)
bp	Basenpaar(e)
cADPR	zyklische Adenosin-Diphosphoribose
CCR5	engl. *C-C motif chemokine receptor 5*
CD	engl. *cluster of differentiation*
CDC	Centers for Disease Control and Prevention
CTL	zytotoxische T-Lymphozyten (engl. *cytotoxic T-lymphocytes*)
d4T	Stavudin (Zerit®)
ddI	Didanosin (Videx®)
DMSO	Dimethylsulfoxid
DRV	Darunavir (Prezista®)
DVD	Delavirin (Rescriptor®)
EFV	Efavirenz (Sustiva®)
Elispot	engl. *enzyme linked immunospot assay*
ER	Endoplasmatisches Retikulum
ETV	Etravirin (Intelence®)
FACS	Durchflusszytometrie (engl. *fluorescence activated cell sorting*)

FEC	Peptidmischung aus Epitopen von Grippe (engl. *flu*), Epstein-Barr-Virus (EBV) und Zytomegalie-Virus (CMV)
FPV	Fosamprenavir (Telzir®)
FTC	Emtricitabin (Emtriva®)
HIV	humanes Immundefizienz-Virus
HLA	humanes Leukozyten Antigen
IDV	Indinavir (Crixivan®)
IFN-γ	Interferon-gamma
IN	Integrase
INI	Integraseinhibitor
LPVr	Lopinavir (Kaletra®)
MHC	Haupthistokompatibilitätskomplex (engl. *major histocompatibility complex*)
NAD	Nicotinsäureamidadenindinukleotid
NFAT	NFAT (engl. *nuclear factor of activated T cells*)
NNRTI	Nicht-nukleosidische Reverse-Transkriptase-Inhibitoren
NRTI	Nukleosidische bzw. Nukleotidische-Reverse-Transkriptase-Inhibitoren
NVP	Nevirapin (Viramune®)
PBMC	mononukleäre Zellen aus periphärem Blut (engl. *peripheral blood mononuclear cells*)
PCP	Pneumocystis-Pneumonien
PHA	Phytohaemagglutinin
PI	Proteaseinhibitor
PI3K	Phosphoinositid-3-Kinasen
PR	Protease
RAL	Raltegravir (Isentress®)
RT	Reverse-Transkriptase
RTV	Ritonavir (Norvir®)
SIV	simianes Immundefizienz-Virus (engl. *simian immunodeficiency virus*)

SQV	Saquinavir (Invirase®)
T20	Enfuvirtide (Fuzeon®)
TCR	T-Zellrezeptor (engl. *T cell receptor*)
TDF	Tenofovir (Viread®)
TPV	Aptivus (Tipranavir®)
U/Min	Umdrehungen pro Minute
VL	Viruslast
WHO	Weltgesundheitsorganisation (engl. *world health organisation*)

8 Literaturverzeichnis

1. Barre-Sinoussi, F., et al., *Isolation of a T-lymphotropic retrovirus from a patient at risk for acquired immune deficiency syndrome (AIDS)*. Science, 1983. **220**(4599): p. 868-71.

2. Gallo, R.C., et al., *Isolation of human T-cell leukemia virus in acquired immune deficiency syndrome (AIDS)*. Science, 1983. **220**(4599): p. 865-7.

3. Heeney, J.L., A.G. Dalgleish, and R.A. Weiss, *Origins of HIV and the evolution of resistance to AIDS*. Science, 2006. **313**(5786): p. 462-6.

4. Plantier, J.C., et al., *A new human immunodeficiency virus derived from gorillas*. Nat Med, 2009. **15**(8): p. 871-2.

5. UNAIDS, *Global Report 2010*. World Health Organization, Genf, Schweiz, 2010.

6. Gao, F., et al., *Human infection by genetically diverse SIVSM-related HIV-2 in west Africa*. Nature, 1992. **358**(6386): p. 495-9.

7. Santiago, M.L., et al., *Simian immunodeficiency virus infection in free-ranging sooty mangabeys (Cercocebus atys atys) from the Tai Forest, Cote d'Ivoire: implications for the origin of epidemic human immunodeficiency virus type 2*. J Virol, 2005. **79**(19): p. 12515-27.

8. Henderson, M., et al., *Fatigue among HIV-infected patients in the era of highly active antiretroviral therapy*. HIV Med, 2005. **6**(5): p. 347-52.

9. Turner, B.G. and M.F. Summers, *Structural biology of HIV*. J Mol Biol, 1999. **285**(1): p. 1-32.

10. Dalgleish, A.G., et al., *The CD4 (T4) antigen is an essential component of the receptor for the AIDS retrovirus*. Nature, 1984. **312**(5996): p. 763-7.

11. Feng, Y., et al., *HIV-1 entry cofactor: functional cDNA cloning of a seven-transmembrane, G protein-coupled receptor*. Science, 1996. **272**(5263): p. 872-7.

12. Dragic, T., et al., *HIV-1 entry into CD4+ cells is mediated by the chemokine receptor CC-CKR-5*. Nature, 1996. **381**(6584): p. 667-73.

13. Eckert, D.M. and P.S. Kim, *Mechanisms of viral membrane fusion and its inhibition*. Annu Rev Biochem, 2001. **70**: p. 777-810.

14. Ferguson, M.R., et al., *HIV-1 replication cycle*. Clin Lab Med, 2002. **22**(3): p. 611-35.

15. Freed, E.O., *HIV-1 replication*. Somat Cell Mol Genet, 2001. **26**(1-6): p. 13-33.

16. Zhu, T., et al., *An African HIV-1 sequence from 1959 and implications for the origin of the epidemic*. Nature, 1998. **391**(6667): p. 594-7.

17. Korber, B., et al., *Timing the ancestor of the HIV-1 pandemic strains.* Science, 2000. **288**(5472): p. 1789-96.

18. RKI, *News bulletin 2010.* Robert Koch Institut, Berlin, Deutschland, 2010.

19. Kahn, J.O. and B.D. Walker, *Acute human immunodeficiency virus type 1 infection.* N Engl J Med, 1998. **339**(1): p. 33-9.

20. McMichael, A.J., et al., *The immune response during acute HIV-1 infection: clues for vaccine development.* Nat Rev Immunol, 2010. **10**(1): p. 11-23.

21. Mellors, J.W., et al., *Prognosis in HIV-1 infection predicted by the quantity of virus in plasma.* Science, 1996. **272**(5265): p. 1167-70.

22. Borrow, P., et al., *Virus-specific CD8+ cytotoxic T-lymphocyte activity associated with control of viremia in primary human immunodeficiency virus type 1 infection.* J Virol, 1994. **68**(9): p. 6103-10.

23. Koup, R.A., et al., *Temporal association of cellular immune responses with the initial control of viremia in primary human immunodeficiency virus type 1 syndrome.* J Virol, 1994. **68**(7): p. 4650-5.

24. Walker, C.M., et al., *CD8+ lymphocytes can control HIV infection in vitro by suppressing virus replication.* Science, 1986. **234**(4783): p. 1563-6.

25. Simon, V., D.D. Ho, and Q. Abdool Karim, *HIV/AIDS epidemiology, pathogenesis, prevention, and treatment.* Lancet, 2006. **368**(9534): p. 489-504.

26. Ho, D.D., et al., *Rapid turnover of plasma virions and CD4 lymphocytes in HIV-1 infection.* Nature, 1995. **373**(6510): p. 123-6.

27. Pantaleo, G., et al., *Major expansion of CD8+ T cells with a predominant V beta usage during the primary immune response to HIV.* Nature, 1994. **370**(6489): p. 463-7.

28. Plata, F., et al., *AIDS virus-specific cytotoxic T lymphocytes in lung disorders.* Nature, 1987. **328**(6128): p. 348-51.

29. Schmitz, J.E., et al., *Control of viremia in simian immunodeficiency virus infection by CD8+ lymphocytes.* Science, 1999. **283**(5403): p. 857-60.

30. Jin, X., et al., *Dramatic rise in plasma viremia after CD8(+) T cell depletion in simian immunodeficiency virus-infected macaques.* J Exp Med, 1999. **189**(6): p. 991-8.

31. Allen, T.M., et al., *Tat-specific cytotoxic T lymphocytes select for SIV escape variants during resolution of primary viraemia.* Nature, 2000. **407**(6802): p. 386-90.

32. Allen, T.M., et al., *Selective escape from CD8+ T-cell responses represents a major driving force of human immunodeficiency virus type 1 (HIV-1) sequence diversity and reveals constraints on HIV-1 evolution.* J Virol, 2005. **79**(21): p. 13239-49.

33. O'Connor, D.H., et al., *Acute phase cytotoxic T lymphocyte escape is a hallmark of simian immunodeficiency virus infection.* Nat Med, 2002. **8**(5): p. 493-9.

34. Couillin, I., et al., *Impaired cytotoxic T lymphocyte recognition due to genetic variations in the main immunogenic region of the human immunodeficiency virus 1 NEF protein.* J Exp Med, 1994. **180**(3): p. 1129-34.

35. Draenert, R., et al., *Immune selection for altered antigen processing leads to cytotoxic T lymphocyte escape in chronic HIV-1 infection.* J Exp Med, 2004. **199**(7): p. 905-15.

36. Bailey, J.R., et al., *Maintenance of viral suppression in HIV-1-infected HLA-B*57+ elite suppressors despite CTL escape mutations.* J Exp Med, 2006. **203**(5): p. 1357-69.

37. Migueles, S.A., et al., *HLA B*5701 is highly associated with restriction of virus replication in a subgroup of HIV-infected long term nonprogressors.* Proc Natl Acad Sci U S A, 2000. **97**(6): p. 2709-14.

38. O'Brien, S.J. and G.W. Nelson, *Human genes that limit AIDS.* Nat Genet, 2004. **36**(6): p. 565-74.

39. Pereyra, F., et al., *The major genetic determinants of HIV-1 control affect HLA class I peptide presentation.* Science, 2010. **330**(6010): p. 1551-7.

40. Addo, M.M., et al., *Comprehensive epitope analysis of human immunodeficiency virus type 1 (HIV-1)-specific T-cell responses directed against the entire expressed HIV-1 genome demonstrate broadly directed responses, but no correlation to viral load.* J Virol, 2003. **77**(3): p. 2081-92.

41. Betts, M.R., et al., *Analysis of total human immunodeficiency virus (HIV)-specific CD4(+) and CD8(+) T-cell responses: relationship to viral load in untreated HIV infection.* J Virol, 2001. **75**(24): p. 11983-91.

42. Frahm, N., et al., *Consistent cytotoxic-T-lymphocyte targeting of immunodominant regions in human immunodeficiency virus across multiple ethnicities.* J Virol, 2004. **78**(5): p. 2187-200.

43. Streeck, H., et al., *Antigen load and viral sequence diversification determine the functional profile of HIV-1-specific CD8+ T cells.* PLoS Med, 2008. **5**(5): p. e100.

44. Draenert, R., et al., *Persistent recognition of autologous virus by high-avidity CD8 T cells in chronic, progressive human immunodeficiency virus type 1 infection.* J Virol, 2004. **78**(2): p. 630-41.

45. Betts, M.R., et al., *HIV nonprogressors preferentially maintain highly functional HIV-specific CD8+ T cells.* Blood, 2006. **107**(12): p. 4781-9.

46. Giorgi, J.V., et al., *Elevated levels of CD38+ CD8+ T cells in HIV infection add to the prognostic value of low CD4+ T cell levels: results of 6 years of follow-up. The Los Angeles Center, Multicenter AIDS Cohort Study.* J Acquir Immune Defic Syndr, 1993. **6**(8): p. 904-12.

47. Hunt, P.W., et al., *T cell activation is associated with lower CD4+ T cell gains in human immunodeficiency virus-infected patients with sustained viral suppression during antiretroviral therapy.* J Infect Dis, 2003. **187**(10): p. 1534-43.

48. Savarino, A., et al., *Role of CD38 in HIV-1 infection: an epiphenomenon of T-cell activation or an active player in virus/host interactions?* Aids, 2000. **14**(9): p. 1079-89.

49. Chun, T.W., et al., *Relationship between the frequency of HIV-specific CD8+ T cells and the level of CD38+CD8+ T cells in untreated HIV-infected individuals.* Proc Natl Acad Sci U S A, 2004. **101**(8): p. 2464-9.

50. Deeks, S.G., et al., *Immune activation set point during early HIV infection predicts subsequent CD4+ T-cell changes independent of viral load.* Blood, 2004. **104**(4): p. 942-7.

51. Almeida, M., et al., *Relationship between CD38 expression on peripheral blood T-cells and monocytes, and response to antiretroviral therapy: a one-year longitudinal study of a cohort of chronically infected ART-naive HIV-1+ patients.* Cytometry B Clin Cytom, 2007. **72**(1): p. 22-33.

52. Resino, S., et al., *CD38 expression in CD8+ T cells predicts virological failure in HIV type 1-infected children receiving antiretroviral therapy.* Clin Infect Dis, 2004. **38**(3): p. 412-7.

53. Hazenberg, M.D., et al., *Persistent immune activation in HIV-1 infection is associated with progression to AIDS.* Aids, 2003. **17**(13): p. 1881-8.

54. Silvestri, G., et al., *Nonpathogenic SIV infection of sooty mangabeys is characterized by limited bystander immunopathology despite chronic high-level viremia.* Immunity, 2003. **18**(3): p. 441-52.

55. Brenchley, J.M., et al., *Microbial translocation is a cause of systemic immune activation in chronic HIV infection.* Nat Med, 2006. **12**(12): p. 1365-71.

56. Kinoshita, S., et al., *Host control of HIV-1 parasitism in T cells by the nuclear factor of activated T cells.* Cell, 1998. **95**(5): p. 595-604.

57. Zack, J.A., et al., *Incompletely reverse-transcribed human immunodeficiency virus type 1 genomes in quiescent cells can function as intermediates in the retroviral life cycle.* J Virol, 1992. **66**(3): p. 1717-25.

58. Kawakami, K., C. Scheidereit, and R.G. Roeder, *Identification and purification of a human immunoglobulin-enhancer-binding protein (NF-kappa B) that activates transcription from a human immunodeficiency virus type 1 promoter in vitro.* Proc Natl Acad Sci U S A, 1988. **85**(13): p. 4700-4.

59. Deaglio, S., K. Mehta, and F. Malavasi, *Human CD38: a (r)evolutionary story of enzymes and receptors.* Leuk Res, 2001. **25**(1): p. 1-12.

60. Mehta, K., U. Shahid, and F. Malavasi, *Human CD38, a cell-surface protein with multiple functions.* Faseb J, 1996. **10**(12): p. 1408-17.

61. Howard, M., et al., *Formation and hydrolysis of cyclic ADP-ribose catalyzed by lymphocyte antigen CD38.* Science, 1993. **262**(5136): p. 1056-9.

62. Lee, H.C. and R. Aarhus, *A derivative of NADP mobilizes calcium stores insensitive to inositol trisphosphate and cyclic ADP-ribose.* J Biol Chem, 1995. **270**(5): p. 2152-7.

63. Freeman, G.J., et al., *Reinvigorating exhausted HIV-specific T cells via PD-1-PD-1 ligand blockade.* J Exp Med, 2006. **203**(10): p. 2223-7.

64. Okazaki, T. and T. Honjo, *Rejuvenating exhausted T cells during chronic viral infection.* Cell, 2006. **124**(3): p. 459-61.

65. Fox, C.J., P.S. Hammerman, and C.B. Thompson, *Fuel feeds function: energy metabolism and the T-cell response.* Nat Rev Immunol, 2005. **5**(11): p. 844-52.

66. Riley, J.L., *PD-1 signaling in primary T cells.* Immunol Rev, 2009. **229**(1): p. 114-25.

67. Day, C.L., et al., *PD-1 expression on HIV-specific T cells is associated with T-cell exhaustion and disease progression.* Nature, 2006. **443**(7109): p. 350-4.

68. Trautmann, L., et al., *Upregulation of PD-1 expression on HIV-specific CD8+ T cells leads to reversible immune dysfunction.* Nat Med, 2006. **12**(10): p. 1198-202.

69. Velu, V., et al., *Enhancing SIV-specific immunity in vivo by PD-1 blockade.* Nature, 2009. **458**(7235): p. 206-10.

70. Petrovas, C., et al., *PD-1 is a regulator of virus-specific CD8+ T cell survival in HIV infection.* J Exp Med, 2006. **203**(10): p. 2281-92.

71. Preston, B.D., B.J. Poiesz, and L.A. Loeb, *Fidelity of HIV-1 reverse transcriptase.* Science, 1988. **242**(4882): p. 1168-71.

72. Roberts, J.D., K. Bebenek, and T.A. Kunkel, *The accuracy of reverse transcriptase from HIV-1.* Science, 1988. **242**(4882): p. 1171-3.

73. Mansky, L.M. and H.M. Temin, *Lower in vivo mutation rate of human immunodeficiency virus type 1 than that predicted from the fidelity of purified reverse transcriptase.* J Virol, 1995. **69**(8): p. 5087-94.

74. Perelson, A.S., et al., *HIV-1 dynamics in vivo: virion clearance rate, infected cell life-span, and viral generation time.* Science, 1996. **271**(5255): p. 1582-6.

75. Coffin, J.M., *HIV population dynamics in vivo: implications for genetic variation, pathogenesis, and therapy.* Science, 1995. **267**(5197): p. 483-9.

76. Boucher, C.A., et al., *High-level resistance to (-) enantiomeric 2'-deoxy-3'-thiacytidine in vitro is due to one amino acid substitution in the catalytic site of human immunodeficiency virus type 1 reverse transcriptase.* Antimicrob Agents Chemother, 1993. **37**(10): p. 2231-4.

77. Gao, Q., et al., *The same mutation that encodes low-level human immunodeficiency virus type 1 resistance to 2',3'-dideoxyinosine and 2',3'-dideoxycytidine confers high-level resistance to the (-) enantiomer of 2',3'-dideoxy-3'-thiacytidine.* Antimicrob Agents Chemother, 1993. **37**(6): p. 1390-2.

78. Naeger, L.K., N.A. Margot, and M.D. Miller, *Increased drug susceptibility of HIV-1 reverse transcriptase mutants containing M184V and zidovudine-associated mutations: analysis of enzyme processivity, chain-terminator removal and viral replication.* Antivir Ther, 2001. **6**(2): p. 115-26.

79. UNAIDS, *Progress Report 2009.* World Health Organization, Genf, Schweiz, 2009.

80. Wallis, C.L., et al., *Varied patterns of HIV-1 drug resistance on failing first-line antiretroviral therapy in South Africa.* J Acquir Immune Defic Syndr, 2010. **53**(4): p. 480-4.

81. Murphy, R.A., et al., *Outcomes after virologic failure of first-line ART in South Africa.* Aids, 2010. **24**(7): p. 1007-12.

82. Hosseinipour, M.C., et al., *The public health approach to identify antiretroviral therapy failure: high-level nucleoside reverse transcriptase inhibitor resistance among Malawians failing first-line antiretroviral therapy.* Aids, 2009. **23**(9): p. 1127-34.

83. Gallant, J.E., *The M184V mutation: what it does, how to prevent it, and what to do with it when it's there.* AIDS Read, 2006. **16**(10): p. 556-9.

84. Parren, P.W., et al., *Antibody protects macaques against vaginal challenge with a pathogenic R5 simian/human immunodeficiency virus at serum levels giving complete neutralization in vitro.* J Virol, 2001. **75**(17): p. 8340-7.

85. Kwong, P.D., et al., *HIV-1 evades antibody-mediated neutralization through conformational masking of receptor-binding sites.* Nature, 2002. **420**(6916): p. 678-82.

86. Baker, B.M., et al., *Elite control of HIV infection: implications for vaccine design.* Expert Opin Biol Ther, 2009. **9**(1): p. 55-69.

87. LosAlamosDatabase, *HIV Sequence Database Compendium.* 2001. http://www.hiv.lanl.gov/content/sequence/HIV/COMPENDIUM/2001/HIV1proteins.pdf.

88. Caputo, J.L., et al., *An effective method for establishing human B lymphoblastic cell lines using Ebstei-Barr virus.* J.Tiss.Cult.Meth., 1991. **13**: p. 39-44.

89. Douek, D.C., M. Roederer, and R.A. Koup, *Emerging concepts in the immunopathogenesis of AIDS.* Annu Rev Med, 2009. **60**: p. 471-84.

90. Kiepiela, P., et al., *CD8+ T-cell responses to different HIV proteins have discordant associations with viral load.* Nat Med, 2007. **13**(1): p. 46-53.

91. Saez-Cirion, A., et al., *Heterogeneity in HIV suppression by CD8 T cells from HIV controllers: association with Gag-specific CD8 T cell responses.* J Immunol, 2009. **182**(12): p. 7828-37.

92. Barber, D.L., et al., *Restoring function in exhausted CD8 T cells during chronic viral infection.* Nature, 2006. **439**(7077): p. 682-7.

93. WHO, *Progress Report 2010.* 2010. http://www.who.int/hiv/pub/2010progressreport/en/index.html.

94. Marcelin, A.G., et al., *HIV drug resistance after the use of generic fixed-dose combination stavudine/lamivudine/nevirapine as standard first-line regimen.* Aids, 2007. **21**(17): p. 2341-3.

95. Marconi, V.C., et al., *Prevalence of HIV-1 drug resistance after failure of a first highly active antiretroviral therapy regimen in KwaZulu Natal, South Africa.* Clin Infect Dis, 2008. **46**(10): p. 1589-97.

96. Maserati, R., et al., *Emerging mutations at virological failure of HAART combinations containing tenofovir and lamivudine or emtricitabine.* Aids, 2010. **24**(7): p. 1013-8.

97. Harrer, E., et al., *Recognition of the highly conserved YMDD region in the human immunodeficiency virus type 1 reverse transcriptase by HLA-A2-restricted cytotoxic T lymphocytes from an asymptomatic long-term nonprogressor.* J Infect Dis, 1996. **173**(2): p. 476-9.

98. Samri, A., et al., *Immunogenicity of mutations induced by nucleoside reverse transcriptase inhibitors for human immunodeficiency virus type 1-specific cytotoxic T cells.* J Virol, 2000. **74**(19): p. 9306-12.

99. Sabeti, P.C., et al., *The case for selection at CCR5-Delta32.* PLoS Biol, 2005. **3**(11): p. e378.

100. Steinberger, P., et al., *Functional deletion of the CCR5 receptor by intracellular immunization produces cells that are refractory to CCR5-dependent HIV-1 infection and cell fusion.* Proc Natl Acad Sci U S A, 2000. **97**(2): p. 805-10.

101. Sauce, D., et al., *PD-1 expression on human CD8 T cells depends on both state of differentiation and activation status.* Aids, 2007. **21**(15): p. 2005-13.

102. Zhang, J.Y., et al., *PD-1 up-regulation is correlated with HIV-specific memory CD8+ T-cell exhaustion in typical progressors but not in long-term nonprogressors.* Blood, 2007. **109**(11): p. 4671-8.

103. Agata, Y., et al., *Expression of the PD-1 antigen on the surface of stimulated mouse T and B lymphocytes.* Int Immunol, 1996. **8**(5): p. 765-72.

104. Urbani, S., et al., *PD-1 expression in acute hepatitis C virus (HCV) infection is associated with HCV-specific CD8 exhaustion.* J Virol, 2006. **80**(22): p. 11398-403.

105. Kaufmann, D.E. and B.D. Walker, *PD-1 and CTLA-4 inhibitory cosignaling pathways in HIV infection and the potential for therapeutic intervention.* J Immunol, 2009. **182**(10): p. 5891-7.

106. Munoz, P., et al., *CD38 signaling in T cells is initiated within a subset of membrane rafts containing Lck and the CD3-zeta subunit of the T cell antigen receptor.* J Biol Chem, 2003. **278**(50): p. 50791-802.

107. Malavasi, F., et al., *CD38 and CD157 as receptors of the immune system: a bridge between innate and adaptive immunity.* Mol Med, 2006. **12**(11-12): p. 334-41.

108. Deaglio, S., et al., *Human CD38 (ADP-ribosyl cyclase) is a counter-receptor of CD31, an Ig superfamily member.* J Immunol, 1998. **160**(1): p. 395-402.

109. Quigley, M., et al., *Transcriptional analysis of HIV-specific CD8+ T cells shows that PD-1 inhibits T cell function by upregulating BATF.* Nat Med, 2010. **16**(10): p. 1147-51.

110. Rehr, M., et al., *Emergence of polyfunctional CD8+ T cells after prolonged suppression of human immunodeficiency virus replication by antiretroviral therapy.* J Virol, 2008. **82**(7): p. 3391-404.

111. van der Burg, S.H., et al., *HIV-1 reverse transcriptase-specific CTL against conserved epitopes do not protect against progression to AIDS.* J Immunol, 1997. **159**(7): p. 3648-54.

112. Deeks, S.G., et al., *Duration and predictors of CD4 T-cell gains in patients who continue combination therapy despite detectable plasma viremia.* Aids, 2002. **16**(2): p. 201-7.

113. Deeks, S.G., et al., *Strong cell-mediated immune responses are associated with the maintenance of low-level viremia in antiretroviral-treated individuals with drug-resistant human immunodeficiency virus type 1.* J Infect Dis, 2004. **189**(2): p. 312-21.

114. Karlsson, A.C., et al., *Immunologic and virologic evolution during periods of intermittent and persistent low-level viremia.* Aids, 2004. **18**(7): p. 981-9.

115. Karlsson, A.C., et al., *Antiretroviral drug therapy alters the profile of human immunodeficiency virus type 1-specific T-cell responses and shifts the immunodominant cytotoxic T-lymphocyte response from Gag to Pol.* J Virol, 2007. **81**(20): p. 11543-8.

116. Dean, M., et al., *Genetic restriction of HIV-1 infection and progression to AIDS by a deletion allele of the CKR5 structural gene. Hemophilia Growth and Development Study, Multicenter AIDS Cohort Study, Multicenter Hemophilia Cohort Study, San Francisco City Cohort, ALIVE Study.* Science, 1996. **273**(5283): p. 1856-62.

117. Samson, M., et al., *Resistance to HIV-1 infection in caucasian individuals bearing mutant alleles of the CCR-5 chemokine receptor gene.* Nature, 1996. **382**(6593): p. 722-5.

118. Huang, Y., et al., *The role of a mutant CCR5 allele in HIV-1 transmission and disease progression.* Nat Med, 1996. **2**(11): p. 1240-3.

119. An, P. and C.A. Winkler, *Host genes associated with HIV/AIDS: advances in gene discovery.* Trends Genet, 2010. **26**(3): p. 119-31.

120. Van Rompay, K.K., et al., *CD8+-cell-mediated suppression of virulent simian immunodeficiency virus during tenofovir treatment.* J Virol, 2004. **78**(10): p. 5324-37.

121. Klenerman, P. and R.M. Zinkernagel, *Original antigenic sin impairs cytotoxic T lymphocyte responses to viruses bearing variant epitopes.* Nature, 1998. **394**(6692): p. 482-5.

122. Mouroux, M., et al., *Low-rate emergence of thymidine analogue mutations and multi-drug resistance mutations in the HIV-1 reverse transcriptase gene in therapy-naive patients receiving stavudine plus lamivudine combination therapy.* Antivir Ther, 2001. **6**(3): p. 179-83.

123. Hanson, D.L., et al., *HIV type 1 drug resistance in adults receiving highly active antiretroviral therapy in Abidjan, Cote d'Ivoire.* AIDS Res Hum Retroviruses, 2009. **25**(5): p. 489-95.

9 Publikationen

Vollbrecht T., Eberle J., Roider J., Bühler S., Stirner R., Henrich N., Bogner J.R. and Draenert R. (2012). Control of M184V HIV-1 mutants by CD8 T cell responses. Medical Microbiology and Immunology 2012 May;201(2):201-11.

Groener J., Seybold U., **Vollbrecht T.** and Bogner J.R. (2011). Decrease in mitochondrial transmembrane potential in peripheral blood mononuclear cells of HIV-uninfected subjects undergoing HIV post exposure prophylaxis. AIDS Research and Human Retroviruses 2011 Sep;27(9):969-72.

Vollbrecht T., Brackmann H., Henrich N., Roeling J., Seybold U., Bogner J.R., Goebel F.D. and Draenert R. (2010). Impact of changes in antigen level on CD38/PD-1 co-expression on HIV-specific CD8 T cells in chronic, untreated HIV-1 infection. Journal of Medical Virology 82: 358-370.

Dembek C.J., Kutscher S., Heltai S., Allgayer S., Biswas P., Ghezzi S., Vicenzi E., Hoffmann D., Reitmeir P., Tambussi G., Bogner J.R., Lusso P., Stellbrink H.J., Santagostino E., **Vollbrecht T.**, Goebel F.D., Protzer U., Draenert R., Tinelli M., Poli G., Erfle V., Malnati M., Cosma A. (2010). Nef-specific CD45RA+ CD8+ T cells secreting MIP-1beta but not IFN-gamma are associated with nonprogressive HIV-1 infection. AIDS Research and Therapy 2:7-20

Kongressteilnahmen:

Vollbrecht T., Eberle J., Roider J., Buehler S., Henrich N., Stirner R., Bogner J.R., Draenert R. Control of M184V HIV-1 mutants by CD8 T cell responses. Poster Präsentation DOEAK 2011, Hannover, Deutschland

Vollbrecht T., Eberle J., Roider J., Buehler S., Henrich N., Stirner R., Spannagl M., Bogner J.R., Draenert R. Control of M184V HIV-1 mutants by CD8 T cell responses. Poster Präsentation IAC 2010, Wien, Österreich

Vollbrecht T., Henrich N., Roeling J., Seybold U., Goebel F.D., Bogner J.R., Draenert R. Significant rises in viral load are preceded by increasing CD38/PD-1 co-expression on virus specific CD8 T cells in chronic untreated HIV-1 infection. Poster Präsentation SOEDAK 2009, St.Gallen, Schweiz

Vollbrecht T., Brackmann H., Roeling J., Seybold U., Supthut-Schröder B., Bogner J.R., Goebel F.D., Draenert R. Correlation of CD38 and PD-1 upregulation on HIV-1 specific CD8 T cells of progressors. Poster Präsentation DOEAK 2007, Frankfurt, Deutschland

10 Danksagung

Diese Arbeit ist in größter Dankbarkeit meinen Eltern gewidmet, die mir mein Studium ermöglicht und mich stets auf meinem Weg unterstützt und ermutigt haben. Meiner Mutter danke ich dafür, dass sie dies auch in schweren Zeiten mit unverändertem Engagement getan hat. Meinen Vater vermisse ich sehr und bedaure es zutiefst, dass er so vieles nicht mehr erleben durfte.

Ein ganz herzlicher Dank gilt PD Dr. med. Rika Draenert für die Möglichkeit diese interessante Fragestellung in ihrer Arbeitsgruppe zu bearbeiten und ganz besonders für ihre fortwährende und engagierte wissenschaftliche Unterstützung und Betreuung dieser Arbeit. Des Weiteren möchte ich mich für die Möglichkeit bedanken, die Ergebnisse dieser Arbeit auf nationalen und internationalen Kongressen vorzustellen und gewonnene Daten in Fachzeitschriften zu veröffentlichen.

Herrn Prof. Josef Eberle danke ich für die Bereitstellung eines Arbeitsplatzes, die kompetente Unterstützung bei meinen Experimenten mit HI-Viren und die interessanten Diskussionen.

Frau Prof. Elisabeth H. Weiß danke ich für die Bereitschaft, die Betreuung meiner Doktorarbeit zu übernehmen und mir so die Promotion an der Fakultät für Biologie der LMU zu ermöglichen.

Frau Prof. Ruth Brack-Werner danke ich für die Erstellung des Zweitgutachtens.

Den aktuellen und ehemaligen Mitgliedern der Infektionsambulanz danke ich für das angenehme Arbeitsklima und ihre Unterstützung bei der Patientenaufklärung. Ein ganz besonderer Dank gilt Frau Renate Stirner für ihre immer freundliche Hilfsbereitschaft und Unterstützung im Laboralltag.

Selbstverständlich gilt ein ganz besonderer Dank allen Patienten, die ihr Blut für diese Arbeit zur Verfügung gestellt haben.

i want morebooks!

Buy your books fast and straightforward online - at one of world's fastest growing online book stores! Environmentally sound due to Print-on-Demand technologies.

Buy your books online at
www.get-morebooks.com

Kaufen Sie Ihre Bücher schnell und unkompliziert online – auf einer der am schnellsten wachsenden Buchhandelsplattformen weltweit! Dank Print-On-Demand umwelt- und ressourcenschonend produziert.

Bücher schneller online kaufen
www.morebooks.de

VDM Verlagsservicegesellschaft mbH
Heinrich-Böcking-Str. 6-8   Telefon: +49 681 3720 174   info@vdm-vsg.de
D - 66121 Saarbrücken   Telefax: +49 681 3720 1749   www.vdm-vsg.de

Printed by Books on Demand GmbH, Norderstedt / Germany